U0580456

英烈门风

○ 吕其庆 编著

人民出版社

序 一

从英烈门风重温理想信念

　　看了其庆同志《英烈门风》的书稿，深受启发和教育，引起了我的共鸣。抚今追昔，钩沉史海，这本书难能可贵地通过对后人的采访，从门风、家风这个角度再现了老一辈无产阶级革命家的精神财富，别开生面，真实感人。

　　家风也叫门风，是一个家族的传统风尚，体现着家族的价值观，是长辈们的言传身教对晚辈们产生的潜移默化的影响。在这20位英烈故事里，坚定的理想信念是英烈家风的共同属性，英烈的家风体现了红色基因的传承。

　　新中国成立以来，我们国家发生了翻天覆地的变化，尤其是改革开放以来，我们国家取得了巨大的历史进步。这种变化和进步，我们都有切身体验。过去我们吃粗粮、穿布衣、住平房、两脚赶路、骑自行车，现在是吃细粮、穿时尚、住楼房、开私家车。这表明，新中国成立以来，特别是改革开放以来，我们国家发生的变化是巨大的、深刻的。这不仅是中国几千年历史上的奇迹，而且是整个人类文明史上的奇迹。对于改革开放，对于我们国家的现实和未来，我们应该充满自信。但是，从人的精神生活来看，从人的理想信念来看，现在确实存在许多不能回避的问题。形式主义、享乐主义、官僚主义、奢靡之风，使一些党员干部背离了党的根本宗旨。在新形势下，一些人经不起执政和改革开放的考验，物欲横流，信念动摇，丧失根本，"不信马列信鬼神，不信组织信个人"，烧香拜佛，抽签打卦，迷信风水，走火入魔，甚至"一边烧香拜佛，一边贪污腐败"，美其名曰："权有多大，利就有多大"，让人匪夷所思。

党的十八大以来，以习近平同志为核心的党中央高度重视党的建设，并反复多次强调要坚定理想信念，坚守共产党人精神追求。理想信念不会自发产生，坚定的理想信念离不开教育引导。我们老一辈无产阶级革命家的精神财富，是进行理想信念教育的最好教科书。回望党的九十多年的历程，面对命运多舛、满目疮痍的祖国，面对受尽凌辱、苦不堪言的人民，一代又一代、一批又一批的革命战士站了出来，经受住了血与火和生与死的考验，不惜流血牺牲，为的就是一个理想，靠的就是一种信念。

"地维赖以立，天柱赖以尊"。法国思想家罗曼·罗兰说："最可怕的敌人，就是没有坚强的信念。"习近平说："理想信念就是共产党人精神上的'钙'，没有理想信念，理想信念不坚定，精神上就会'缺钙'，就会得'软骨病'。"毋庸置疑，理想信念是共产党人强大的精神力量，"革命理想高于天"。不忘初心，继续前行。祝贺其庆同志这本书出版，这是一本正能量的书，让我们能够看到革命英烈浩然正气的门风，并鼓舞我们向前奋进。

中央组织部原部长　张全景

2016 年 12 月 23 日

序　二

用革命家风述说理想、传递精神、点亮人生

　　党的十八大以来，习近平总书记多次论及共产党人的理想信念问题。他强调理想信念是世界观和政治信仰在奋斗目标上的具体体现，指出理想信念就是共产党人精神上的"钙"，革命理想高于天。坚定理想信念，坚守共产党人精神追求，始终是共产党人安身立命的根本。一个国家、一个民族、一个政党，任何时候任何情况下都必须树立和坚持明确的理想信念。如果没有或丧失理想信念，就会迷失奋斗目标和前进方向，就会像一盘散沙而形不成凝聚力，就会失去精神支柱而自我瓦解。总书记的话立意深远，也语重心长，为当代共产党人乃至当代人思考理想与精神生活提出了严肃而又深刻的现实命题。

　　众所周知，理想是人类生存和生活的内在思想镶嵌物，是人类发展进步和创新创造的精神支撑。有史以来，每个有成就的个人的科学发展、每个

共同体的理性选择都离不开理想信念的支持和支配，每个社会的创造性前进也都镶嵌有理想信念的痕迹。在一定意义上说，理想信念是指示人们行为和社会选择的定盘星，也是帮助人类寻找方向、渡过困难的导航仪。理想如镜，映衬着人们文化生活和精神世界的真实；信念如刀，雕刻着人类意义年轮和价值岁月的面貌。诗人流沙河把理想比作石、比作火、比作灯、比作路，比作珍珠、比作罗盘和船舶、比作闹钟和肥皂，他纵情讴歌理想、反复歌颂信念，深沉地吟诵和呼唤理想信念。不过，再多的比喻，再多的言说，都难以诉完理想的价值，也都无法穷尽信念对于人们的意涵。

在展现一个时代、群体和社会的共同理想方面，有很多元素和对象都足堪其任。其中，家风门风也是重要的载体。家庭是社会的基本单位和最小生活单元，一个家庭的家风如何、门风如何，既是社会风气和精神传统的缩影，也展现着社会传统、社会理想的规格与品位。家风和门风代表了家庭的精神传统和思想品格，也是展现家庭和社会的理想信念的镜子，是记录和诉说家庭精神传统的宝书。通过家风和门风发现理想，是从最深处发现家庭精神生活的秘密；通过家风和门风理解理想，也是从最真处理解家庭精神生存的道理。美国著名学者希尔斯在《论传统》中说过，家庭是联系过去、现在和未来，并使其成为一个社会结构的第一环节。家庭是社会中维持传统的中心，一个家庭如果不吸收过去的东西，或者，即使吸收了，但没有吸收高质量的东西，那么，这个家庭将会毁其后代。反过来说，如果后代没有很好地继承家庭的优良风气和传统，没有将好的家风和门风传递下去，那么后代也是要愧对家庭、愧对社会、愧对时代的。

在中华人民共和国的历史簿上，革命是曾经的主题词，革命者是难忘的主人翁。在新民主主义革命的征程中，无数的无产阶级革命者为了革命的成功，为了摧毁封建主义和帝国主义的剥削、压迫，实现民族的自由和人民的解放，为了"索我理想之中华"，为了让千千万万的劳苦大众翻身成为社会的主人，他们不怕坐牢、不怕杀头，不怕流血牺牲，不怕牺牲个人小家庭的幸福以换来社会大家庭的解放。他们在革命生涯中展现了令人难以忘怀的崇高的家风和门风，展现了无产阶级革命者的家庭传统、家庭道德、家庭风范和家庭价值观。他们的家风门风是无产阶级革命传统和革命精神的缩影，是新民主主义革命理想和信念的写照。尽管经历了岁月的风尘，但革命者的家风门风历久弥新；尽管遭受了时光的幻化，但革命的精神和理想信念"仰之弥高，钻之弥坚"，是至今仍需要传承的宝贵的革命精神财富。

随着革命脚步的渐行渐远，一个时期以来，

社会上有不少人对我们曾经的革命故事和革命历史淡忘了，对革命理想和革命精神放逐了，对革命情操和革命价值厌倦了。历史虚无主义的甚嚣尘上、道德相对主义的泛滥蔓延、理论爬行主义的欺世盗名、世俗消费主义的大行其道，如此等等，或有意或无意，都以不同的方式在不同程度上侵蚀着曾经高于天的革命意志和革命信仰。于是，追忆革命传统、唤醒革命情怀，并将历史的记忆化为今天的动力，不但必要，而且重要。在这样的背景中，吕其庆博士的著作《英烈门风》诞生了！

长期以来，各种探讨革命历史的著述颇多，但通过当事人的言行及其后人的追思来描绘革命家风门风，进而书写革命理想的著述少之又少。从题材上看，《英烈门风》通过一个微观但具体而又鲜活的内容——革命家庭的家风门风——展示革命群体的理想和情操，这是一个贴切而睿智的选择，它贴近生活、贴近事实、贴近人情；从方式上看，《英烈门风》采取了讲故事、忆往昔的文字化口述史的方法，近距离展示革命者曾经而又永远的情怀和追求，叫人读罢有醍醐灌顶之感，易生慎终追远之情！从内容上看，《英烈门风》从对革命理想信念的总体关怀出发，从对当代人理想信念的新状态新情形的潜在忧虑出发，结合作者自己的采访手记和感悟，以切身体验引发及人思悟，剖析革命理想的本末与利用，图文并茂、理事俱在、寓形上于形下，由现在观过往，借故事谈精神，经生活量品性，以价值话力量，是一部将学理性、故事性、针对性有机结合、巧妙衔接的理论著作，也是一部有分量有热量有体量的思想读物。这部著作虽然写革命家庭的家风和门风，但却内在地指向了对革命理想信念的书写和理解，指向了革命故事背后的精神价值。它不仅揭示了革命理想的历史意蕴，亦点化着革命精神的时代意义，也为我们当代人的精神生存提供了一面镜子，有助于我们不断地汲取历史的乳汁，壮大前行的魄力，也有利于我们不断擦拭文化生命的镜子，照亮我们的精神世界。

作为作者的博士生导师，我很荣幸较早地读到了其庆的这部凝聚心血之作。我的感觉是，其庆不仅理论素质好，文字能力很强，而且思想端正、思路敏捷。特别值得注意的是，他愿意结合着自己学术研究的命题出发，利用业余时间开展深入的学术调研和访谈，走访了不少革命家的后人，为他们的红色家风门风书写，为他们的革命理想信念溯源，为他们的革命人格作传。这不仅仅是为自己愿意书写的一部作品的付出，也反映了一位青年学者追念革命理想、革命情怀和革命价值观的鼓与呼。我为其庆敢于且善于就革命者家风和门风作研究深感欣慰，也为他有莫大的勇气敢下功夫去探寻革命理想信念深感赞同，对他能够

拿出这样一部有价值有意义有思想有情怀的作品
表示衷心祝贺!

　　是为序!

北京大学教授　宇文利

2017 年 2 月 10 日

目 录

在英烈家风中感悟理想信念

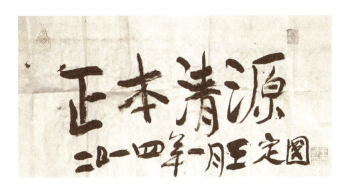

百岁女红军王定国
为本书题字

习近平总书记在 2015 年春节团拜会上强调："不
论时代发生多大变化，不论生活格局发生多大变化，
我们都要重视家庭建设，注重家庭、注重家教、注重
家风。"在中央全面深化改革领导小组第十次会议上，
习近平再次说道："领导干部的家风，不是个人小事、
家庭私事，而是领导干部作风的重要表现。"

中国共产党领导的革命史，是中国历史发展的丰
碑，也是一座取之不尽、用之不竭的爱国主义教育宝
库。近年来，我先后采访了几十位老一辈革命家和革
命先烈的后代。他们中有李大钊的孙子李建生，"延安

五老"之一谢觉哉的夫人、百岁红军王定国，张太雷之女张西蕾，任弼时之女任远芳，方志敏之女方梅，夏明翰的独女夏芸，左权的独女左太北，何叔衡的第二代后人、第三代后人，陈潭秋的次子陈志远，刘志丹之女刘力贞，冼星海的独女冼妮娜，毛泽民的外孙曹耘山，赵一曼的孙女陈红，东北抗日联军著名将领杨靖宇的孙子马继民，"独臂将军"贺炳炎的长子贺雷生，等等。对革命后人的采访可以说带有抢救性质，他们中大多已是耄耋老人，甚至有些都已迈入鲐背之年。作为革命后代，他们是父辈崇高革命精神的直接传承者。他们对父辈经历和精神的讲述，传承着革命先辈勇于抛头颅、洒热血、救中国的红色基因，是对历史最真实的还原，更是老一代革命家和革命先烈家风的真实还原。

顶天立地的人最有力量

从 1921 年到 1949 年，在中国共产党领导的革命中，有名可查的烈士就有 370 万人。在世界政党史上，很难找到或者根本就找不到哪一个政党像中国共产党这样，为了践行和坚守信仰，付出如此巨大而惨烈的牺牲。

人的生命只有一次，再也没有比生死抉择更沉重的选择。是什么样的力量让革命先烈经受住了血与火和生与死的考验，不惜流血和牺牲？在一次次与革命先烈后代的对话中，我找到了答案：信仰就是引领他们的天，人民就是支撑他们奋斗的地，他们都是顶天立地的人。世界上还有什么比顶天立地的人更有力量?!

1. 坚定的理想信念来自对马克思主义真理的追求。马克思说过,"过去一切运动都是少数人的,或为少数人谋利益的运动,无产阶级的运动是绝大多数人的,为绝大多数人谋利益的运动"。

李大钊是在中国系统传播马克思主义的第一人,他从未把马克思主义当成学术问题或教条,而是将其作为改造社会、改变国家和人民命运的真理和武器,把自己当成革命战士,直至为了"主义"而英勇牺牲。他的孙子李建生之前在接受采访时说:"爷爷选择马克思主义,除去'主义'自身的科学和真理的因素外,还取决于他从少年时代就树立改造中国的理想,他看到了以资本主义为代表的旧制度已经开始走向衰败,社会主义的萌芽已经开放,未来的中国只有通过社会主义道路才能发展强盛,人民才能摆脱贫困、走向富裕幸福的新时代。"

现在社会上一部分人,甚至有些共产党员,对"主义"不感冒,甚至不屑,认为"主义"是空谈,不解决实际问题。这样的想法些许像 20 世纪初随着马克思主义在中国的传播,一些资产阶级知识分子认为要少谈主义——"空谈好听的'主义'是没用的",把矛头直指马克思主义。此时,已接受马克思主义的李大钊反驳了胡适把"问题"与"主义"割裂开来的错误,他说,"我们的社会运动,一方面固然在研究实际问题,一方面也要宣传理想的主义。这是交相为用,并行不悖的"。显然,李大钊不反对要解决实际问题,而是要以"主义"指导解决实际问题,他说,

"我们唯有一面认定我们的'主义',用他做材料做工具以解决具体的社会问题"。

中国共产党九十多年来的历史反复证明,马克思主义决不是一种僵化的教条,恰恰相反,其伟大生命力正在于与实践密切结合,不断随着实践的发展而发展。随时代进步而进步,一代又一代的共产党人正是在马克思主义的指导下,战胜艰难险阻,取得凯歌前行的辉煌事业的。

2. 坚定的理想信念来自对党领导的革命事业的信心。冼星海谱写出"为抗战发出怒吼,为大众写出呼声"的《黄河大合唱》。自法国留学归国后,他就对延安抱有热切憧憬,他曾在写给妻子钱韵玲的信中写道:"中国现在已成了两个世界,国民党反动派完全堕落了,延安才是新中国的发源地。我们走吧,到延安去,那里有着无限的希望和光明。"1938 年,他和妻子来到心中的圣土延安,此后,陪伴着清凌凌的延河水,冼星海把对党、对人民、对革命事业的热爱完全倾注在不知疲倦的工作中。冼星海的独女冼妮娜,与父亲冼星海在 1939 年创作的《黄河大合唱》同龄,她在接受采访追忆父亲时说,"母亲经常担心他过于疲劳,劝他早些休息,但父亲似乎有用不完的力气。父亲一生夙愿就是要用音乐拯救危难中的中国,不顾一切,为党努力! 1939 年 6 月 14 日是父亲生命中最高兴、最自豪的一天,他如愿加入中国共产党!"

七十多年过去,《黄河大合唱》依旧震撼心灵,每次唱起这首《黄河大合唱》,她每一个饱含生命力的音符依然敲打人心。而每次唱起这首《黄河大合唱》,我们的脑海中都会浮现一幅画面:那时,延安的天是碧蓝蓝的，延安的地是金灿灿的，无数进步青年像冼星海一样，朝圣般地奔向延安。战争年代的饥寒和八百里秦川也挡不住他们投奔延安的脚步，他们"打断脚、连着筋，爬也要爬到延安"，这样的热血行为是为了什么？不正是因为他们满怀着对中国共产党及其领导的事业的无比信任?!

中国共产党从延安走向全国。在火红的岁月中，不论是在茫茫雪山的万里征程，还是炮火纵横的千里疆场，都有一批又一批英烈追随着党前行的步伐，他们不畏艰难险阻，更不惜抛头颅、洒热血。这样的信念、这样的信仰正是源于对共产党的信任，对党领导的事业光明前景的坚定信念。

3. 坚定的理想信念来自对人民的深厚情感。左太北是八路军副总参谋长左权的独女，每每追忆父亲，她总是以泪洗面。采访时，她讲述了父亲在太行地区发动当地群众搞生产的情景。"日寇'扫荡'期间，父亲发动当地群众开展生产运动，在清漳河畔开垦土地。日本侵略者想把八路军困死在太行山上，可是八路军神通广大，和群众一起开展生产运动，把荒滩荒山荒洼洼都变成了宝地。父亲常说，'人民是水，我们是鱼，水多了，鱼也活跃了'"。

"人民是水，我们是鱼，水多了，鱼也活跃了"，这生动的语言道出了一条颠扑不破的真理：中国共产党是领导中国人民实现国家富强和生活幸福的核心力量，人民群众是推动党和国家事业前进发展的坚强靠山。只要党从人民群众的根本利益出发，为人民群众的幸福安康奋斗，人民群众就会把心交给党，党的事业才会取得最后的胜利。

这样的故事还有很多……革命先烈的英雄壮举，成就了一部气壮山河的中国革命战争史。理想，是所有伟大心灵出发的地方。回望这些英雄人物的人生历程，他们虽然家世各不相同，经历也千差万别，但都有一个鲜明的共同点，那就是，他们追随代表着正确方向的中国共产党，为救亡图存、中华崛起、人民幸福而奋斗终生，为的就是一个理想，靠的就是一种信念。回望中国共产党九十多年的历程，面对命运多舛、满目疮痍的祖国，面对受尽凌辱、苦不堪言的人民，一代又一代共产党人站了出来，经受住了血与火和生与死的考验，不惜流血牺牲，为的就是一个理想，靠的就是一种信念。

传承坚定信仰，在接力赛中梦想成真

我们今天的幸福生活得益于革命前辈当年的流血牺牲。可以说，没有当年革命前辈不顾个人私利的选择，就不会有我们今天安定幸福的生活。革命前辈们好多英年早逝，他们的后代不能像常人一样沐浴父母大爱，但如他们的父辈一样，革命先烈的后人也为民族复兴、人民幸福做出了巨大的牺牲。

走出血与火的时代，虽然没有生与死的考验，但这些革命烈士的后代依然高扬理想信念的旗帜，在本职岗位上踏实奉献、默默无闻，他们都已将前辈的理想信念融入到自己的血液。

在采访冼星海的独女冼妮娜时，我曾为她的朴素所深深打动。在她家里，几乎没有一件成品家具，书架是女婿用集装箱改装的，桌子、凳子是女婿用废木板拼装的。她的一双儿女现今没有固定住房，租住在外。当年，她随同江泽民同志赴哈萨克斯坦为冼星海故居纪念牌揭幕，江泽民曾关切地问她生活上有什么困难，她没有提任何要求。而那时，她一家四口还住在工厂 14 平方米的收发室里，屋顶的老鼠夜里闹，会突然掉到他们脸上；她经常没有意识到自己穿的衣服被老鼠咬破，直到同事提醒她才感到尴尬。

刘志丹的独女刘力贞，一位有着近七十年党龄的老共产党员，与父亲戎马倥偬的经历不同，她终身与医学相伴，并将根扎在生养自己的三秦大地。在 20 世纪 60 年代陕北遭遇大旱时，她主动到灾害最重的县乡巡诊；新四军政治部主任袁国平的独子袁振威，靠勤勉治学成为中国人民解放军作战指挥学科带头人；毛泽民的外孙曹耘山上过战场打过仗，指挥的步兵营荣立集体二等功，本人立三等功，如今已退休，将所有精力放在对前辈档案的整理上；中共一大代表何叔衡的第二代第三代后人大多在务农……

采访中，他们说得最多的就是"不忘前辈、不辱使命""不能给前辈抹黑""要倍加珍惜革命前辈用血肉生命换来的幸福生活"……他们形成的一个共识就是：我们今天所取得的辉煌成就离不开前辈们的流血牺牲，未来的发展离不开理想信念的指引。一个没有理想信念的政党不可能领导伟大的事业，一个丢失精神家园的民族是没有希望的民族。

马克思说过，"我们的事业并不显赫一时，但将永远存在"。九十多年弹指一挥间，先辈们的追求在一定程度已转化为今天中国发展的现实：今天的中国共产党已经成长为拥有近 8900 万名党员的全世界最大的执政党，今天的中国已成为经济总量仅次于美国的第二大经济体，今天的中华民族比历史上任何时期都更接近于伟大复兴的中国梦。中国梦，是一个理想，是一面精神旗帜。习近平总书记指出："坚定理想信念，坚守共产党人精神追求，始终是共产党人安身立命的根本。"在新的历史时期，面对更加艰巨的改革发展任务，我们需要把革命先烈对理想信念的执着和坚定，传递到每一个共产党员的头脑中，不断增强道路自信、理论自信、制度自信，矢志不渝为中国特色社会主义共同理想而奋斗。

1. 活着就要有用

——记谢觉哉夫人、百岁红军王定国

"到达泸定县，我们稍作休息就走上了铁索桥，那天的江水特别湍急，站在桥面往下看就直头晕。但母亲非常兴奋，站在铁索桥上不用人搀扶走了一个来回。站在泸定桥上，母亲把我们招呼过去，对我们说，'长征中我走的不是这条路，但你们父亲是从这条铁索桥上过去的，当时他已经五十多岁了。我这次带你们到这里来，就是让你们感受父亲他们当年的不容易。'"

王定国，"延安五老"之一谢觉哉的夫人。生于1913年的她，以百余岁的壮丽人生，见证民族复兴，并为伟大的时代讴歌！

如今，百余岁高龄的她，脚步依然忙碌，还时常外出参加社会公益活动，做了人们认为在这个年龄不可能做到的事。新

本书作者与王老在家中合影

年伊始，我来到王定国位于北京北四环附近的家中，看望并采访了这位值得至深崇敬的百岁老人。

见到王定国老人时，她正在家中和子女打麻将。王老打牌，干净利落，落牌之声，清脆有力。闲时，王老爱打麻将。身边的人说，她只要一上麻将桌，立马精神百倍，"大杀四方"。我不禁好奇，百岁老人为何有如此之好的身体和精神？王老的小儿子谢亚旭道出其中"秘诀"："我们老太太是一个活在精神世界的人，她对吃穿住这些物质上的东西看得开，没有任何要求。有时出门回家饿了，就吃包方便面，还不用水泡，干着嚼。老太太常说，两万五千里长征都走过来了，还有什么挺不过来的？"

九十多岁高龄，重走长征路

1933年12月，王定国加入中国共产党，先后出任四川营山妇女独立营营长、川陕苏区保卫局妇女连连长，为红军送弹药、清剿土匪、拿过枪、上过战场……1935年3月，王定国调入红四方面军政治部前进剧团，自此开始了艰苦卓绝的长征路。

回忆长征路上的艰辛磨难，王老很平静："草地我走了三遍，翻了五座大雪山，我们文工团要做宣传鼓动工作，行军途中跑前跑后，走的路远不止两万五千里，应该是一倍以上。"王老在雪山上还冻掉一个脚趾头，"就是用手一拨，趾头就掉了，也不疼也不流血。"过往的艰苦岁月，王老不愿多谈，但长征在王老的记忆中永不磨灭。

"母亲一直想去当年走过的地方看一看，看看革命老区，看看当年的乡亲。我们知道母亲心底有重走长征路的心愿。"谢亚旭说。2004年，王定国91岁，恰逢纪念红军开始长征70周年，谢亚旭跟母亲商定了重走长征路的计划，"那段时间，母亲情绪非常好，很兴奋。但考虑她年事已高，不可能沿原来的线路再走一遍，我们就挑选了一些关键点，比如她参加红军的地方、入党的地方、第一次打仗的地方……并打算用几年的时间来完成她的心愿。"

2004年，91岁的长征老战士，重新踏上了那段留下她歌声的长征路。

王老重走长征路的第一站选在了甘孜藏族自治州管辖的泸定县，红军长征时期著名的强渡大渡河、飞夺泸定桥战斗就在这里发生。"到达泸定县，我们稍作休息就走上了铁索桥，那天的江水特别湍急，站在桥面往下看就直头晕。但母亲非常兴奋，站在铁索桥上不用人搀扶走了一个来回。站在泸定桥上，母亲把我们招呼过去，对我们说，'长征中我走的不是这条路，但你们父亲是从这条铁索桥上过去的，当时他已经五十多岁了。我这次带你们到这里来，就是让你们感受父亲他们当年的不容易。'"当时，王老的三个儿子谢烈、谢云、谢亚旭陪在她身边，一起重走长征路。"像这样的话，母亲一路上说过多次，在江西瑞金中华苏维埃政府父亲当年住过的房前，母亲也说过，并且要求我们做儿女的，要带自己的孩子到这里来看看他们的爷爷，让他们不要忘记过去、忘记历史。"

活在精神世界的人最怕没事干

王定国是在长征路上"邂逅"比自己大 29 岁的谢觉哉，后来在兰州八路军办事处再度与谢老相遇，并结为革命家庭，自此一直与谢老相伴。

1971 年 6 月 15 日，谢觉哉与世长辞。王定国为失去良师、战友、丈夫而痛不欲生。1978 年，按照胡耀邦"你最主要的任务是将谢老的遗著收集整理发表，这将是对党的重大贡献"的要求，王定国开始清理谢老留下的手稿、日记。她在谢老走后的六年里，先后整理、撰写、出版了《谢觉哉传》《谢觉哉书信集》《谢觉哉日记》《谢觉哉评传》《谢觉哉文集》等多部历史文献，把谢觉哉一生心血的结晶奉献给党和国家。

王老最爱戴红军八角帽

整理出版了谢觉哉日记、文章、诗歌后，王定国把所有儿女都召集回来并当众宣布："多年来，我一直照顾你们和你们的父亲，从现在开始，我要去做我应该做的事了。"在王老心目中，自己应该做的事不是为了自己这个"小家"，而是国家这个"大家"。之后的岁月，她为国家的事业四处奔走忙碌。

1984 年以来，她参与筹备成立了中国文物学会，并担任副会长，促成了《国家文物保护法》的颁布；她倡导成立中国长城学会，并担任副会长兼秘书长，组织有关电视台拍摄了 38 集的《万里长城》专题电视片，并畅销海外，让世界对中国的长城充满向往。

在国家致力于快速发展经济之时，王定国就已将目标投向青少年和老年人，她认为中国会迈进老年社会，到那时社会压力会非常大。于是，王定国一直为创建与发展中国关心下一代工作委员会和中国老龄工作委员会这两个组织奔走呼号。"等到后来，国家经济发展得差不多，回过头想解决青少年儿童和老年人的问题时，就发现已经有两个现成的组织机构了。"王老的高瞻远瞩着实让儿子谢亚旭佩服。"她总是能想到国家将会面临而当时又顾不上的问题。既然国家顾不上，那她就先尝试做"，谢亚旭说，"她虽是一弱女子，但却有很强的'江山'情怀，总觉得国家的一些事是自己应该做的"。而做事，她从不图名图利。

在 20 世纪 80 年代筹备长城保护协会时，王定国认为长城是中华民族的象征。但当时长城破坏严重，周边有些老百姓盗掘青砖修补房屋。这让她忧心忡忡。学会筹建之初，没有一分钱经费，王定国就找到砖窑，拉着烧好的砖，挨家挨户去换老百姓盗掘的长城砖。长城学会成立以后，王定国坚持"三不要"原则：不向国家要经费、要编制、要办公场所。王定国当时在北京东城区翠明庄的家成了办公室，工作人员日常吃饭在翠明庄附近的食堂，费用都是从王定国离休工资里扣除。

当这些组织发展起来时，王定国却选择了淡出，把名利都让给别人。也许在她看来，与吃水比起来，打井更重要。

年龄在增长，王定国并没有停下脚步。在儿子看来，"活在精神世界的人最怕没事干。"

采访时，王老家中来了三拨十多人。谢亚旭说，这还算人少的时候，"家里人多的时候有近百人，每个屋子里都站满了人。因我母亲在法院工作过，这些人基本都是来告状申冤的，她来者不拒"。为更好地倾听解决大家的问题，王老还自创了一套"群众工作法"——"只要家里来人多了，她就让大家不要动，她来动，她挨个屋子问情况，这样效率高，而且都能照顾到。"

"些小吾曹州县吏，一枝一叶总关情。"这就是王老的情怀。她向来不问自己该得到什么，而是总想自己该对国家做些什么。"她活着就要有用！"

时刻不忘百姓苦

在王老的家中，挂着一幅全家福，照片里父母慈爱、儿女茁壮。王老和谢老一生共养育了七名子女，其中，谢飞是国内知名导演。采访当天，我见到谢飞，他正陪着王老打麻将。谢飞现在从创作一线退下来，专心从事影视教学工作，只要一有时间他就回来陪母亲。采访期间，他牵着王老的手散步，并一直拿手机给王老照相。虽然王老的相片很多，"但用手机照，能随时看看，留在自己记忆中。"谢飞说。

在儿子眼里，自己的母亲与天下的母亲是一样的，一样的勤劳能干，一样的温柔慈爱。在延安时，王定国率领的生产小组种的蔬菜、养的猪总在边区生产展览会上获奖。"所以，那时毛主席总来我们家打牙祭。"谢亚旭哈哈一笑。

"后来定居北京，别人家的院子都是花园，我们家的院子是菜地。我们家光玉米每年就能收四五百斤。后来还养了一头猪。上个世纪60年代初，自然灾害严重时吃不上肉，我们家把猪杀了，产下一百多斤肉。我们本来想把猪肉分给徐特立、董必武这些父亲的好友，但父亲却说这些老同志受中央照顾，比起他们，老百姓的日子苦。于是，父亲就让我们把肉分成一块一块，送给胡同里的邻居。"谢亚旭难忘当时

1964 年全家福

情景，"现在偶遇老邻居，他们都还记得谢家的好。"

谢老和王老夫妇身体力行教育自己的儿女。如今谢家子女在各自的岗位上都出类拔萃。谢家最大的女儿谢宏是共和国最早一批常驻联合国的工作人员，新中国成立初，因外事工作繁忙，不幸罹患癌症，英年早逝。"母亲言传身教告诉我们怎么做人，在学习上她从来不约束我们，学习是为自己，工作要自己找，在这方面，她不会为我们说一句话。我们谢家现在这么多人，从没红过脸，一家人很和睦。"

"弹指一挥七十年，血染山河马列坚。立新革旧非常业，星火燎原乾坤传。七十年后又进川，心潮难平语万千。"这是王老 2006 年为纪念长征胜利 70 周年而作的诗。几十年来，她最喜欢穿戴的是红军的灰军装、八角帽，最喜欢写的字是"红军万岁"。她还曾写道："70 年前，我和我的战友们为了中华民族的命运，为了子孙后代的幸福，进行了史无前例的万里长征。雪山、草地，留下了我们的足迹；战火硝烟中，无数英勇先烈为了理想信念而奋斗，最后成就了伟大的胜利。从红军长征到今天，一代又一代共产党人为了理想和信念矢志不渝地奋斗着。"

从领悟"只有共产党才可以救妇女"，到"只有跟共产党才能取得胜利"，再到"相信共产党，才能冲破一

2004 年，王定国在子女陪同下重返大渡河铁索桥

切困难"，进而牢记"共产主义事业是终身的奋斗目标"，王定国以自己的行动践行共产主义信仰。在采访中，我深刻体悟到：这样一位有八十多年党龄的共产党员，不正是"崇高的理想信念是共产党人的力量源泉和精神支柱"这一真理的真实映照吗?!

◎ **链接：相互勉励共患难，喜今共享胜利年**
——王定国为谢觉哉七十大寿作诗一首

　　谢觉哉与王定国相识于长征路上。1937年，二人在兰州八路军办事处结为革命伴侣。

　　新中国成立后，谢觉哉任内务部部长。作为他的秘书，王定国的职务是内务部党组秘书、机要科科长。新中国刚成立，百废待兴，工作任务十分繁重，王定国跟随谢觉哉在内务部工作了十年。1959年，谢觉哉调任最高人民法院院长。王定国随后也被调到最高法，任党委办公室副主任兼司法行政处副处长，1964年又兼任谢觉哉的秘书。1965年，谢觉哉当选全国政协副主席，王定国随调全国政协办公厅。

　　谢觉哉和王定国是一对革命伴侣、亲密战友，二人相濡以沫。1953年5月15日，谢觉哉七十大寿，王定国写下一首诗赠丈夫。

　　谢老：
　　自从我们在一起，
　　不觉已近二十年。

王定国为纪念谢
觉哉绣诗一首

相互勉励共患难，
喜今共享胜利年。
今逢你七旬大寿，
我无限的欢欣。
正当可爱的春天，
正值祖国的建设年，
花长好，月长圆，
为建设共产主义
社会，
祝你万寿无疆，祝
你青春长远。

　　1971 年 6 月 15 日，谢觉哉与世长辞。王定国为
失去良师、战友、丈夫而痛不欲生。她用丝线把这首
诗绣了起来，挂在家中客厅的中堂。

1945 年，谢觉哉
和王定国在延安
合影

◎ 谢觉哉档案

　　谢觉哉，字焕南，
别号觉哉，亦作觉斋。
中国共产党的优秀党员、
"延安五老"之一、著名
的教育家、杰出的社会
活动家、法学界的先导、
人民司法制度的奠基者。
1884 年出生，湖南宁乡

人。1925 年加入中国共产党。1934 年参加长征。新
中国成立后，曾任内务部部长、最高人民法院院长、
全国政协副主席。

2. 家门传浩气　学风代代浓

——访张太雷的外孙女冯海晴

"重视学习，是我家的家风。外公学贯中西、睿智博学，他牺牲后，外婆一人拉扯全家老小四口人，在生活极为拮据的情况下，还坚持让儿女读书。"新中国成立后，张西蕾成为国内化工专业的领军人物。她的两个女儿冯海晴和冯海兰也分别成为自己从事领域的知名专家。一家三人均因出色的业务能力和突出贡献，享受国务院政府特殊津贴。

2014 年冬，本书作者与张太雷的女儿张西蕾老人在医院中合影

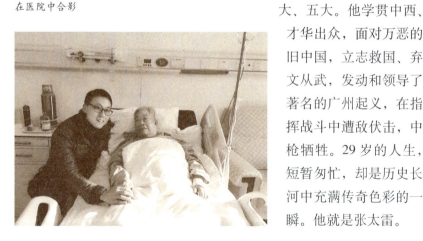

他是"震碎旧世界的一声惊雷"，中国共产党早期事业的重要领导人，参加过中共二大、三大、四大、五大。他学贯中西、才华出众，面对万恶的旧中国，立志救国、弃文从武，发动和领导了著名的广州起义，在指挥战斗中遭敌伏击，中枪牺牲。29 岁的人生，短暂匆忙，却是历史长河中充满传奇色彩的一瞬。他就是张太雷。

　　"万里赴戎机，关山度若飞"。20 世纪 30 年代，正是日军入侵、民族危难之时，年仅 16 岁的她怀揣着一封家书，只身一人追随父亲的脚步，从老家江苏常州辗转到上海，寻找党组织。不着红妆穿军装，她如愿加入新四军，成为一名正式的革命军人，自此，她的青春在硝烟中变得滚烫，近二十年的人生岁月伴枕着革命的炮火。新中国成立后，她服从组织安排，进入化工行业，四十年朝夕不改初衷，直到退休。她是张太雷的女儿——张西蕾。

　　当年拿着一封家书辗转百里路投身革命的小姑娘，如今已是 90 多岁的老人，卧病静养在位于北京的空军总医院。1 月大寒节气，阳光洒满张老住的病房，温暖如春。近百年的人生传奇沉淀在一个个浅浅的笑容中。采访时，张老的二女儿冯海晴陪伴在母亲身旁，讲述了一家两代革命人的故事。

　　冯海晴，1945 年 12 月出生在苏北，时值抗日战争胜利，所以取名为"晴"，但接踵而来的，是激烈的解放战争。张西蕾和丈夫冯伯华都是军人，因工作需要，他们无暇顾及自己的家庭。海晴和比她大一岁的姐姐海阳曾被寄托在老乡家里抚养，也曾经由警卫员看护，随部队紧急转移，往往是警卫员叔叔用扁担一头一个挑着她俩行军，"现在回想，仍依稀记得在箩筐里颠颠簸簸的情景。有一次大部队转移了，

冯海晴（左一）在天津大学参观张太雷纪念室

警卫员叔叔带着我们躲在庄稼地里，敌军就在我们对面开枪扫射，子弹竟打穿了叔叔的脚踝，他顺势趴下装死护住我们俩才幸免于难。"

新中国成立后，张西蕾夫妇调到新成立的化工部工作。"父母都是那种一忙起工作就什么都不顾的人，再加上国家要在全国各地上马化工项目，家里根本就看不到他们的身影，虽然家里有位婆婆管理，我们兄妹五人也经常在生活和学习上互相照顾，大的帮助小的，尽量不给爸爸妈妈添麻烦。"

"我们五兄妹都很懂事，放学回家，总是先做功课，然后才能出去玩。我们的学习成绩都很拔尖，在整个化工部大院是出了名的。父母为此非常自豪：大姐海阳考取清华大学工化系，后来在军事医学科学院工作直至退休；弟弟海龙在北京四中读书，后参了军，先后在海军和边防工作多年，目前已从人民解放军武警学院副政委的岗位上退休下来；四妹海宁，抱病从东北兵团回来错过高考，她仍自学成才直至高工，从中国设备进出口公司退休；五妹海兰是'文革'后国内第一个口腔博士，曾在德国洪堡基金会深造，学成之后放弃国外优厚条件回国工作，现在是北京大学口腔医院修复科的学术带头人。"

冯海晴本人是国内计算机应用领域的专家，毕业于中国人民解放军军事工程学院无线电专业，是我国第一批计算机软件的研发人员，曾经受聘于国防科工委，担任我国自主研发的定位导航系统——北斗卫星导航系统民用产业化的高级顾问和专家。

"重视学习，是我家的家风。外公学贯中西、睿智博学，他牺牲后，外婆一人拉扯全家老小四口人，在生活极为拮据的情况下，还坚持让儿女读书。1958年母亲到化工部工作后，感到业务知识匮乏，萌生了学习化工理论知识的想法，便参加了全日制高校的统考，并被北京化工学院录取。此后，她每天早起晚睡，既要准备自己的课业和工作，照顾一心只顾工作的我父亲，还要兼顾我们五个孩子的生活学习。她以超人的能力和毅力，终于以优异的成绩顺利完成五年的大学学习，扎实的专业知识为她后来从事化工科技领导工作打下坚实基础。看到已经四十岁的母亲拼命学习的这股子劲头，我们做儿女的更没有不好好学习的道理。"

后来张西蕾作为化工部科技局的副局长，成为国内化工专业的领军人物。冯海晴和冯海兰也分别成为自己从事领域的知名专家。一家三人均因出色的业务能力和突出贡献，享受国务院特殊津贴。

采访时，冯海晴一再对我说，多报道先烈和前辈的业绩，少报道他们这平凡的后辈，"做好本职工作是我们的本分。现在，我们面对的工作，都是大部分人都能做、而且只要尽心尽力都可以做得好的工作。即使有些事张三做不好，也会有李四立刻可以顶上去的。而我们的外公、我们的父母，他们那些人却不是，他们面临的是拎着脑袋、豁出命的事业。历史证明了：他们的功绩是不可替代的，是可歌可泣的；如果没有远大的理想和坚定的信念，他们是走不下去的！"

"我母亲原名叫细梅，参军后自己改名叫西蕾，以此彰显继承父亲遗志革命到底的志向。别看年纪小，她的决心是很坚定的，要不然，也不会只身一人告别她的母亲、奶奶和姐弟到上海找党组织。她知道

在天津大学校园内的张太雷雕像前为烈士献花

自己的父亲是党的最早创始人之一，所以她义无反顾地踏上了追寻共产党的道路，并终于成为一名新四军战士。"

"'你可以趁这个时期中多用一点功。你一定要进学堂的，所费亦不算多。学习了可以使你独立……'母亲就是怀揣着张太雷写的这封家书到上海找到党组织。"1919年五四运动期间，张太雷是天津地区爱国运动的骨干，与周恩来结下深厚的战斗友谊。1939年，周恩来到皖南新四军军部视察工作时特意接见了这个16岁小姑娘，第一眼看到就深情地说："你真像你的父亲！"并鼓励她："好好锻炼，继承父亲的遗志。"

"母亲很少在我们跟前谈及外公的事，但我们知道外公在她心中有很重的分量，到母亲退休后，她几乎把所有的时间都用在整理外公的事迹档案上，写了三本厚厚的书，都是关于外公的，并发起成立了张太雷研究会。"

采访后，冯海晴又发来短信，一再叮嘱，希望多写写母亲和外公等老一辈革命人的精神。"我们这一代人的精神是不如祖辈、父辈的，我们需要不断学习他们的精神，来充实我们自己。"尊重她的意见，附上一篇张西蕾回忆父亲张太雷的文章。朴素的文字间流淌着真情，激荡着力量。

张西蕾（前左三）
与天津大学"太
雷班"同学合影

△ 附：烛光在前

——张西蕾口述回忆父亲

从幼年起，就有一团烛光在我心中闪耀。随着时间的推移，这烛光愈加明亮灿烂，它给我温暖，给我鼓励，给我信仰，给我支撑。追寻着这烛光，我走着自己坚实、无悔的人生。这烛光是我的父亲张太雷为民族解放事业不懈追求、英勇奋斗的崇高灵魂。

父亲牺牲那年我才五岁，对他的音容笑貌很难留下多少印象。更何况作为一个革命家、作为一个父亲，他又活得太短！走得太早！从1918年他与一批志同道合者一起宣传马克思主义理论、为建党筹划开始，到1927年年底他在广州起义的战场上为党和人民英勇献身为止，只有短短九年的时间！但有谁能够预料到：就在这九年间，张太雷与他的战友一起，从十几个人、几十个人的小组，直至发展成为能够领导着数万、数十万革命大众，在祖国的大地上展开了一场波澜壮阔的解放斗争的大党！南昌起义、秋收起义和广州起义虽然先后遭遇了挫折和失败，但它却成为土地革命战争和创建工农红军的伟大开端。此后，中国共产党在长期的革命实践中不断摸索着成长成熟起来，终于开辟了一条农村包围城市、武装夺取政权的有中国特色的革命道路。在这条达到胜利的道路上，有着张太雷和广州起义中共同赴死的5700名革命者的热血、头颅和身躯！他作为我党最早的一批党员之一、我党早期的重要领导人、共青团的创始人之一、卓越的共产主义青年运动的领导人名垂青史。

父亲对人生道路的选择给我们留下了许多值得反复思考的地方：他家境贫苦，靠个人的奋斗在北洋大学完成学业。当时在中国能够受到这种高等教育的人还非常少，他完全可以凭此改变家庭和个人的命运，走上一条升官发财至少是衣食无忧、前途平顺的人生道路。他也确实曾经有过这种想法。但他同时又是一个怀抱振兴中华理想的热血青年，在寻求解救国家和人民苦难的道路时，他从俄国十月革命中看到了希望；接触到马克思主义之后，他学习研究共产主义。当他一旦把共产主义作为终身的信仰，就彻底改变了他的人生轨迹。为了信仰，他毅然抛弃个人和家庭的前途和幸福，连毕业证都不领，义无反顾地走上充满艰险的革命道路。他是从爱国走上革命道路的。是马克思主义的理论和十月革命的胜利，引领他从一个炽烈的爱国主义、激进的民主主义者，成长为马克思主义者。而这种转变和进化，就是在这所校园里发生的。这一点对于九十多年后的晚辈后生，无疑仍有着深刻的启迪。这种以民族的生存、国家的复兴为己任，崇尚真理，为了信仰抛家舍业、不惜牺牲自我的精神，是中国无产阶级第一代革命家们的共同品质，也是青年张太雷的伟大精神之所在！

在失去他的八十多年间，他留下的孤儿寡母顽强地活了下来。他赋予我们姐弟的生命之火得到延续，他未竟的事业被子孙们继承，他的英雄形象深深地活在儿孙们的心中。薪火相传、交相递与。

父亲生前非常喜欢我们姐弟三人，把家庭的欢乐和未来的希望都寄托在我们身上。他自己非常注重学习，是一个学识渊博的人，曾被李大钊先生赞誉为"学贯中西，才华出众"。母亲深深懂得丈夫的心，她不但把我们三人养大了，而且把我们个个送入了学校去读书识字。连饭都吃不上还送女孩去读书，这让世人难以理解。但无论生活多么艰难，母亲送我们上学的决心从未动摇。而我们也不负母望，年年都以优异的成绩和奖学金来回报母亲含辛茹苦的抚育之恩。

抗战爆发后家乡沦陷了，在老少三代流离失所的艰难时刻，母亲却深明大义，毅然允许不满十六岁的我只身一人去上海寻找

张太雷子女（左起：一阳、西屏、西蕾）

共产党，让我参加了抗日的队伍。1938年夏我辗转来到新四军的革命队伍中，并很快入了党，成为父亲队伍中的一员。1939年我受到周恩来副主席的接见，他见到老战友的女儿，激动得热泪盈眶，连连说："长得真像！太像太雷了！"

我的弟弟张一阳，从小就是奶奶和妈妈的命根子，体弱多病，全家人都特别照顾他。他也参加了新四军，他进步得很快，十六岁入了党，成长为一名政治指导员。他拒绝了要他留在司令部的照顾，坚决要求到作战第一线去。1941年1月在皖南事变中他不幸被俘，被关押在上饶集中营里。非人的待遇摧毁了他的健康，他不幸染上了回归热，每天高烧不止，病得很重。当敌人知道他是张太雷的儿子时，竟拿着特效药来引诱他"悔过投降"，答应给他治疗并许以高官厚禄。而刚满十八岁的弟弟不辱父亲的英名，平静地选择了死亡。在弥留之际，他忍痛咬下自己两枚指甲，取下父亲传给他的钢笔的笔尖，郑重地托付难友转交给我。他成为上饶集中营里牺牲时间最早、同时又最年轻的烈士！几年后当看见他的遗物我心如刀绞，我理解小弟弟的心：我家第二代的烈士用这连着血肉、蘸着信仰的物件，将他的生命和追求、将他未竟的事业和家庭的责任一起托付给了我。

八十年代中，我和丈夫冯伯华先后从领导岗位上退下来，我又继续担任了全国政协第六届、第七届、第八届委员，达十五年之久。我们这对老夫妻，五十年相亲相爱，晚年和谐幸福。只可惜他已在1993年因患肺癌先我而去，这是我晚年最伤心的憾事！但正是他的鼓励和支持，使我下定决心，在自己最后的十几年中，花费大量的时间、精力和物力，为我的父亲做了些事。

我与国家党史研究部门合作，整理出版了《张太雷文集》《张太雷年谱》《回忆张太雷》和一本纪念画册，让怀念他的人有所寄托；我与常州市委一起发起成立了"张太雷研究会"、建成了"张太雷故居""张太雷纪念馆"，为他的故乡保留了一块追忆的丰碑；我和天津大学合作，开辟了"张太雷展室"，命名了一个"太雷班"，自费设置了"张太雷奖学金"，让父亲能够和他的母校、和他的一代代校友息息相通、心心相印；我还和广东省委、广州市委一起筹建了"广州起义纪念馆"，拍摄了纪念父亲和广州起义的电视纪录片；我还自费拍摄三集电视连续剧《大雷雨后》，将父亲特别是母亲的事迹奉献给广大电视观众。就这样一步一步地把父亲及战友们的历史原貌完整而真实地留给后人。

有一种精神润物细无声，有一些故事世代永流传。我真的很欣慰，这十几年不懈的努力没有白费。我所做的一切决不是单纯的续家谱、寻根，而是一种挖掘，一种精神遗产的抢救。我的目的实在是想弘扬一种精神、一种美德。我希望通过父亲的经历，将一个共产主义者的无私无畏，作为一种民族的美德，一首人性的颂歌留给世人。这一美德曾护佑我和我的家人，今后也将如雨润田、如土载物，去启发、温暖和护佑更多不愿淡忘他们的后人。

◎ 链接：张太雷致妻书

——现在觉悟 富贵是一种害人的东西

张太雷是中国共产党创建时期的重要领导人之一、中国社会主义青年团的重要创建人、党的著名政治活动家和宣传家。1927年12月12日，他在领导震惊中外的广州起义中壮烈牺牲，年仅29岁。

1921年年初，共产国际成立了一个远东书记处。远东各国共产党的组织不再由俄共（布）下属组织联络，而改归共产国际直接领导。远东书记处设在伊尔库茨克，要求中国的共产主义组织派一个代表前去。李大钊等商定，派这个已经与魏金斯基（即维经斯基，被任命为远东书记处的日常工作负责人）有过联系、精通英语、年仅22岁的北洋大学毕业生张太雷前去。

张太雷与妻子陆静华合影

张太雷成为中国共产党派赴共产国际的第一位使者。他下定决心，毅然肩负起这崇高的使命，远离老母妻女，越过重重封锁线，到苏俄去了。

在这种情况下，张太雷不能不向远在千里之外的老母和结婚刚两年的妻子有个交代，何况家中一直以为他在北洋大学法科毕业后马上可以谋得一官半职，稍解困窘呢。在这种尖锐的矛盾中，张太雷写了这封家信。他为共产主义的理想而甘愿牺牲一切，但对亲人又只字不能吐露。

"我此次远游并没有什么，你们也不必对于我有所牵挂。我立志要到外国去求一点高深学问，谋自己独立的生活。母亲年老亦应当吃好一点，穿好一点。你可劝劝母亲说不要过省。"

"你可以趁这个时期中用一点功。你一定要进学堂的，所费亦不算多。你第一要选择你所最善（擅）长的功课，学习了可以使你独立。我想你学刺绣及图画一定是好的。刺绣要学那新式的刺绣，如绣花卉、人物、山水之类。图画学了是最有乐趣的。再者，图画与刺绣是有极大关系的。我想你于这两种课都是很善（擅）长的并且很喜欢的。这两样东西很有用处，你学好了这两样，你很可以自立了；那时你是一个独立的女子了。除掉学习刺绣图画之外，你还要学一点普通常识，尤其对于如何教育子女，是要研究的。历史地理科，是你应当懂一点的，国文只要多读新的白话文，可以多看小说如《水浒》《西游记》《红楼梦》等等。还有多看杂志与报纸。如《妇女杂志》《小说日报》，常州局前街新群书社多有卖。"

"我们现在离开是暂时的，是要想谋将来永远幸福，所以你我不必以为是一件可忧的事。我一路有信给你，到俄国后我时常有信家来，不要忧愁……"

新中国成立后，中国革命博物馆筹备处向全国征集革命文物时，张西蕾才把这份父亲的家书郑重地交给革命博物馆保存。

3."这样的人格无愧于'后来人'的身份!"

——访夏明翰烈士的独生女儿夏芸

经毛泽东做媒,夏明翰和郑家钧在 1926 年结了婚。当时来贺喜的人中有李维汉、何叔衡、谢觉哉,他们还专门送了一副"世间惟有家钧好,天下谁比明翰强"的对联。后来夏芸才知道,自己的真名叫夏赤云,意为红色的云彩,那是父亲在她刚出世时给她取的名字。夏芸回忆起这些,眼睛不禁湿润了。

1949 年,夏明翰的独女夏芸留影

冬雨潇潇,湖水凝寒。江西九江,冬雨为凛冽的隆冬更添一份寒意。

1928 年,也大概在这样的时节,中国共产党早期革命活动家夏明翰在汉口被国民党反动派残暴杀害,年仅 28 岁。

夏明翰牺牲后,

他的妻子郑家钧"坚持革命继吾志，誓将真理传人寰"，在风雨如磐的年代始终坚守革命信念，并把他们唯一的女儿抚养成人。

初冬的一个早晨，我来到位于九江市甘棠湖畔大院内的一栋红房子里，探望和采访了夏明翰烈士唯一的女儿夏芸。

接受采访时，86岁的夏老因患病卧床已有三个年头，电视正放着江西省两会新闻的画面，虽然身体患病，但她的思路依旧清晰。"父亲和当时千千万万的共产党员一样，用生命捍卫自己的信仰。感谢大家始终没有忘记他。"听明采访的来意，她热情招呼我坐到她的身旁，打开了话匣。

千里赤云寄相思

夏老把手挪出被窝，指了指桌子上正正当当摆放着的一面相框，示意我把它取过来。相框里嵌着一张带有题词的照片，照片上是年轻的夏明翰，照片右侧是那首气壮山河的《就义诗》："砍头不要紧，只要主义真。杀了夏明翰，还有后来人！"夏芸回忆，这是谢觉哉同志1960年到长沙看望母亲郑家钧时当场题写的，表达了他对亲密战友的怀念。

夏明翰1928年就义时，夏芸还不到半岁，"根本不可能有记忆"，她只知道小时候名字叫郑忆芸，跟着外祖母一起在乡下长大。

"从我记事开始，就经常跟着外祖母、母亲躲难。母亲推着一辆三轮车，也没有什么行李物品，就是

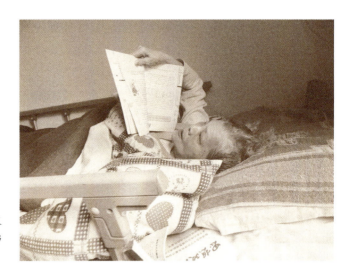

夏芸再次读起父
亲留给母亲的书
信，很是激动

夏芸一直珍藏着
父亲遗像

这家暂住十日，那
家借住半月，日子
过得很苦。记忆里，
母亲总是不分白天
黑夜地绣花缝衣，
维持家用。"

抗战期间，夏
芸和母亲在长沙多
个地方躲过难，"无
论是市里的小吴门、
高桥，还是长沙周
边的东乡、望城，
甚至郴州、耒阳等地"。回想当年，夏芸对这些地名
依然如数家珍，颠沛流离的岁月历历在目。

"我在长沙读小学，还没有毕业，日本人就打来
了，妈妈带我南下逃难。当时，国民党湖南省临时政

府就设在那儿。我凭着一张难民证在湘南临时中学断断续续读了三年书。"

在这期间,夏芸知道了父亲是谁,父亲是为了革命而被杀害的。"这也是无意中知道的。同学们在一起经常都会互相问你父亲是谁、干啥的。我隐约知道了自己其实不姓郑,父亲是共产党员。"

后来夏芸才知道,自己的真名叫夏赤云,意为红色的云彩,那是父亲在她刚出世时给她取的名字。夏芸回忆起这些,眼睛不禁湿润了。"在这之前,我的妈妈以及其他身边的亲人,都从来没告诉我这些,他们怕我年幼无忌说出去,被反动派'斩草除根'。"

抗战胜利后,夏芸回到长沙,考入湖南私立周南女子中学。1949 年,夏芸又以优异的成绩考入武汉大学,但仅仅读了半年,就转入北京农业大学,"因为该校对老区学生、军烈属子女实行的是供给制。""那个时候,父亲的许多战友对我很关怀,去农大读书是毛主席过问的。在这之前我还在武汉找过李先念伯伯,他当时说可以帮我安排工作,但我说想读书,他就告诉我去北京。"夏芸深情地回忆道,"那个时候真的很感动,虽然父亲不在了,但他的那些战友像关心自己的子女一样关心我,更让我感受到父亲为革命牺牲是多么受人敬重。"

革命爱情诉忠贞

"母亲在世时很少讲她和父亲的故事,但我还是从各个方面以及她零星的讲述中知道了一些。"夏芸说，"可以说，他们是在革命工作中相识相爱，是真正的革命伴侣。"

夏明翰在长沙工作期间，曾领导人力车工人罢工。当时，身为湘绣女工的郑家钧在掩护领导罢工斗争的夏明翰时，右臂中弹受伤。后来，夏明翰经常来看望她，为她的勇敢和坚强所感动，两人互生爱慕。

1924 年 4 月的一天，毛泽东来到夏明翰房间，见他在洗衣服，颇有感触地说："明翰，该找个伴侣啦！郑家钧对你不是很好吗?"夏明翰回答："家钧好！家钧好!"毛泽东高兴地说："你们俩有共同的理想和情操，情投意合，道同志合，早点成家吧!"

"经过毛主席做媒，父亲和母亲在 1926 年农历九月初四结了婚。听母亲说，当时来贺喜的人中有李维汉、何叔衡、谢觉哉。他们还专门送了一副'世间惟有家钧好，天下谁比明翰强'的对联，母亲一直小心珍藏，可惜在抗战中屡次搬家遗失了。"

然而，这对珠联璧合的革命夫妻的浪漫爱情，在 1928 年夏明翰惨遭杀害后成为绝唱。在夏明翰短暂的一生中，妻子郑家钧给了他最大的支持。在白色恐怖的日子里，她为夏明翰及其他革命同志望风放哨，传送书信，一直坚定地掩护夏明翰出生入死地斗争。夏明翰牺牲后，她一方面坚持从事革命活动，同时含辛茹苦地把女儿抚育成人。

"母亲的一生很清贫，很低调。"提起自己的母亲，夏芸难掩思念之情，"抗战期间她不分白天黑夜地绣花缝衣换取微薄收入，解放后年纪大了，还糊纸盒子赚钱养活自己。后来父亲的战友谢觉哉、李维汉来长沙看她这位'老嫂子'，要她去北京。母亲就说自己一个人生活惯了，自己能养活自己的，不要国家多费心。"

夏芸与老伴在江西九江家中合影

烈士后人更自强

"我的父亲是为革命献身的，我的母亲一生也默默地用自己的一言一行做着合格的革命人。在这一点上，我和我的儿女应该向我母亲学习。她一辈子很清贫，很低调，解放前为党做了那么多地下工作，解放后没向党提过任何要求。"夏芸说，"虽然说现在我们生活的时代和过去不一样了，物质生活更丰富了，但艰苦朴素的作风不能丢，革命先辈的那种为了理想信念而不惜抛头颅、洒热血的执着精神更要学习和传承！"

夏芸20世纪50年代从北京农业大学毕业后，坚决服从组织安排，先后在江西的赣南、宜春、九江等地工作。她所从事的工作大都条件艰苦、环境恶劣，曾一年四季扎根深山，吃住在溶洞里，是我国第一代有色金属人，但鲜有人知道她事业上的经历。夏芸说，她奉行的人生格言是"淡泊名利"："我这个人不争名、不争利、不争吃、不争穿。"作为夏明翰烈士的后人，退休后，夏芸就一直深居简出，默默生活在九江，没有向组织提过任何要求。

"生活不能奢侈，我和我的子女们也没什么特殊的，他们都是靠自己的能力生活。"夏芸告诉记者，她从小就教育子女要低调行事，不要因"烈士后代"感到与众不同，要凭自己的劳动去工作生活。

夏芸养育了三男一女。老大张朴先后在湖南省检察院、湖南省民政厅工作，后调到国家民政部，现为全国人大干部；老二张小谦，1978年恢复高考后考入江西大学（现南昌大学），毕业后留校任教，后调入江西省委宣传部工作；老三现为九江纺织研究所的一名工程师；最小的女儿现在广州一家金融单位工作。谈起他们的外公，张小谦说："《就义诗》是外公夏明翰留给我最宝贵的精神财富，在我幼年人格形成时期深刻影响了我，至今仍激励和警示自己，不论什么情况都要坚持信仰，坚持操守，永远做一个合格的共产党员。这使我终身受益。"

在乘坐公交车赴夏老家采访途中，我与邻座的一位老先生攀谈。他在九江生活

夏芸（前）与子女合影

了大半辈子，但不知道这里住着一位激励了几代中国人的革命先烈的后人，他为这样的低调而心生敬意："这样的人格无愧于'后来人'的身份!"

◎ 链接：你切莫悲悲凄凄泪涟涟

——夏明翰写给妻子郑家钧的信

共产党员夏明翰与湘绣女工郑家钧相识于大革命时期党领导的湖南工人运动，共同的理想信念和革命情谊使他们走到一起，于1926年结为夫妻。夏明翰年青英俊、才华横溢，郑家钧贤惠善良、性情温和，他们的婚姻可谓天作之合。当年的战友曾写下"世间惟有家钧好，天下谁比明翰强"的对联，赠给他们作为新婚礼物。1928年3月，由于叛徒出卖，夏明翰在武汉被捕。在阴暗潮湿的监狱里，他异常想念自己的妻子和女儿，用半截铅笔，给深爱的妻子写信。

夏明翰在狱中写给妻子的这封信，直抒胸臆，朗朗上口，感情深沉，气度不凡，足见他有着深厚的中国传统文学功

夏芸与儿子在夏明翰雕像前合影

夏明翰第三代后
人合影

底。为了表达对妻子强烈的思念，夏明翰还用嘴唇和
着鲜血，在信纸上留下了一个深深的吻痕。夏明翰、
郑家钧这对革命伴侣志同道合、情深意笃，为理想信
念甘愿抛头颅、洒热血，其革命精神彪炳千秋，光照
后人。以下为书信：

夏明翰与妻子郑
家钧结婚合影

亲爱的夫人钧：

　　同志们曾说世上惟
有家钧好，今日里才觉
你是巾帼贤。我一生无
愁无泪无私念，你切莫
悲悲凄凄泪涟涟。张眼
望，这人世，几家夫妻
偕老有百年。抛头颅、
洒热血，明翰早已视等
闲。"各取所需"终有
日，革命事业代代传。

红珠留着相思念(红珠,夏明翰曾赠与郑家钧一颗红珠,以寄相思——编者注),赤云孤苦望成全(赤云,指夏明翰的女儿夏赤云——编者注)。坚持革命继吾志,誓将真理传人寰!

◎ **夏明翰档案**

夏明翰,1900年出生,中共党员,籍贯湖南衡山。1919年任湘南学生联合会总干事。1921年经毛泽东、何叔衡介绍加入中国共产党。1922年任湖南自修大学补习学校教务主任。1923年任湖南省学生联合会干事长。1924年任中共湖南省委委员。1925年起兼任中共湖南省委组织部长、农民部长和长沙地委书记。1927年任全国农民协会秘书长、中央农民运动讲习所秘书,同年兼任中共平(江)浏(阳)特委书记。1928年任中共湖北省委常委。同年3月18日在汉口被捕,两天后英勇就义。

4."要像爷爷那样对党忠诚"

——访兴国首任县委书记、革命烈士胡灿之孙胡续生

"陈毅元帅还专门前来看望奶奶，发现我们一家依旧居住在三间破旧的土坯房内，便指示民政部门，拨出 6000 元建房款，重建房屋。我奶奶收到钱后，她考虑再三，说政府经济也有困难，还是把钱用到国家建设上去吧。她把钱退回给了政府。最后在几间土坯房遮风避雨度过晚年。"从小跟奶奶长大的胡续生受奶奶影响很大。

在赣南有一片红色热土，革命战争年代，这里的二十多万人口，九万多人参加红军，两万多人牺牲，

胡续生和爱人在
家中接受专访

从这里走出了56位共和国将军。这里就是誉满中华的烈士第一县和将军县——兴国县。无数兴国儿女，为共和国的建立，抛头颅，洒热血，做出了巨大的牺牲。邱会培烈士，全家八人先后为革命牺牲，可谓"全家革命，满门忠烈"；江善忠烈士为掩护红军伤病员转移，只身把敌人引上山头，战斗到最后一刻时，咬破手指在衣襟上写下血书："死到阴间不反水，保护共产党万万年！"然后纵身跳下山崖；还有池煜华老人，一位苏区红军高级将领的遗孀，执着认定丈夫仍活在世上，苦苦守望寻找了七十多年……这样的感人故事，几天几夜说不完。

要照亮黑夜，自己必须先跑到黑夜里

走出战争年代，这个群山庇佑的赣南小城一派祥和。在薄雾隐现的清晨，人们躬身劳作在稻苗成浪的田地里；在晚霞垂于天际的傍晚，孩童们结伴嬉戏走在回家的路上。青翠的高山、涓涓的溪流，连同劳作的人们，绘成一幅生机盎然的田园画卷。享受着安详而幸福生活的人们，没有忘记几十年前发生在这里的惨烈的战争和英烈们所付出的壮烈牺牲。在城市中央，坐落着将军园，摆放56位兴国籍将军的雕塑，纪念从这里走出去的共和国英雄。在将军园的中央，有毛泽东题写的"模范兴国"四个赤红大字。

六十多岁的胡续生，每天都要到将军园散步。胡续生没有离开过兴国，在以后的日子，他也不打算离开。他像很多兴国人一样，根深扎在这里。父辈的功勋让这里枝繁叶茂。

2015年7月1日，时值中国共产党成立第94个纪念日，我走进这块数万鲜活生命孕育了共产党事业的红色土地，采访了中共兴国县党组织创始人、首任县委书记胡灿的孙子胡绪生。胡绪生没有见过爷爷，1954年他出生时，爷爷胡灿已经牺牲了二十多年。但提到爷爷，胡绪生满脸自豪，娓娓道来。

时光拨回到1929年，工农革命的星星之火在赣南大地点燃。这年4月，毛泽东率领红四军从井冈山下山，来到兴国。胡灿作为兴国县地方党组织的负责人，与毛泽东一起创建了红色政权。"实际上，爷爷寻求救国救民的道路，并非一帆风顺。"胡绪生思考良久，开始讲述，"他首先接触了孙中山先生的三民主义，在黄埔军校学习期间，参加了国民党。他回到家乡兴国，首先担任兴国县国民党筹备委员会主任。后来，在革命实践中，他通过把三民主义和共产主义相比较，认为只有共产主义才能救中国，便毅然脱离国民党，投身共产主义的阵营。脱下黄埔军官的皮靴，穿上游击队的草鞋。"

从此，这位黄埔军校高才生，脚穿草鞋、腿打绑腿，领导群众，埋伏在山中与敌人打起了游击战。"我爷爷选择了共产主义这一远大理想，就把个人的安稳生活抛到身后。尤其是，他作为兴国县早期党组织的领导人，要把共产主义的火把举起来，就必须自己先跑到黑夜里。"

"奶奶退回政府拨的修房款"

胡灿参加革命后，敌人到处打击报复他的家人，经常纵火烧掉胡家的房子。"我奶奶极为支持爷爷选择的事业，从来没有埋怨过爷爷。我父辈们的童年，就是在跟着奶奶四处躲难中度过的。"胡续生是奶奶赵自如带大的。爷爷的这些事迹，大多是从奶奶那里听到的。

1932 年，胡灿和兴国县委、县苏维埃政府干部惨遭迫害，在被押赴刑场的路上，胡灿一路高呼"拥护共产党""打倒屠杀工农的国民党政府"，并在临刑前留下书信，嘱托赵氏把孩子抚养成人。因胡灿被诬陷为"AB 团"分子，后人也受到很大牵连。"但不论遭受多么大的委屈，奶奶总是很坚定地对我们说，别人可以歪曲胡灿，但你们不能讲爷爷的半句不是，更不许讲共产党半句不是，你们要相信党，要像爷爷那样对党忠诚！"新中国成立后，党和国家洗刷掉了胡灿"AB 团"分子的子虚乌有之名，并向胡灿家属颁发了"胡灿同志为革命烈士"的证书。"陈毅元帅还专门前来看望奶奶，发现我们一家依旧居住在三间破旧的土坯房内，便指示民政部门，拨出 6000 元建房款，重建房屋。我奶奶收到钱后，她考虑再三，说政府经济也有困难，还是把钱用到国家建设上去吧。她把钱退回给了政府。最后在几间土坯房遮风避雨度过晚年。"从小跟奶奶长大的胡续生受奶奶影响很大。"奶奶不是一般的小脚老太太，她认得字，是个深明大义且讲大道理的人。"胡续生说，奶奶很早就预见到知识对建设国家、实现共产主义的重要性，她一个人干几份苦活，供养子女上学。后来，胡续生的两个姑姑考取了中国人民大学和哈军工（中国人民解放军军事工程学院），是国家最早一批大学生。毕业后，她们分别在财政部和二炮政治部的重要岗位工作过，但现在都已过世。胡续生说："两位姑姑为人低调，从不向外人提起自己是英烈之后，而是像我爷爷那样，相信党、忠诚于党，用自己的全部才华和本领为党的事业工作着。"

"不能让英雄在网络舆论中二次'阵亡'"

胡续生，从 20 世纪 80 年代参加工作起就在镇政府工作，直到退休。最开始是编外工作人员，拿的工资待遇要比其他同事低很多，有人劝他找找上级部门，通过革命烈士后人的身份解决编制，但他没有听。他说："我是共产党员，只要这个不是'编外'的就行！"后来，通过考试，他成为正式的工作人员。作为一名最基层的公务员，胡续生跟群众贴得很紧，听到的也是老百姓最真实最鲜活的声音。党的政策实实在在，百姓生活得更有信心。胡续生认为，相信共产党，是兴国人内心不变的赤诚。战争年代跟着党闹革命、建设新中国，和平年代跟着共产党奔小康。在梦想实现的征程中，共产党一直是领头羊。

经常上网的胡续生，对现在网上一些抹黑英雄、抹黑党的言论很是义愤填膺。网上有些段子说

"黄继光堵枪眼不合理""刘胡兰系被乡亲所杀""雷锋日记全是造假""狼牙山五壮士其实是土匪"……这些变着花样抹黑英雄、恶搞历史的文章让胡续生很恼火。一提起这些事，他就气得捶桌子，还经常在网上跟人"吵口"。他翻出一篇刚刚在微信朋友圈里发的

胡灿烈士故居

帖子，其中写道："互联网上也不能胡乱'任性'，历史不是任人装扮的小姑娘。我们今天的和平，正是战争年代的英雄抛头颅、洒热血争取来的，对英雄故事的传颂，是享受和平的我们表达敬意的方式。"

胡续生还说："有良知的人应该站起来，一起维护英雄形象，不能让战斗英雄在网络舆论中二次'阵亡'，要把英雄精神深深融入民族的基因血脉里，维护英雄用鲜血和生命带给我们的正能量。"他生动的语言往往能直指要害，在网上一些辩论中他经常能够取得胜利。采访中，他一再向我表达了自己的一个迫切心愿——希望能够通过媒体呼吁：要通过立法惩处亵渎英雄的人。他说，抹黑英雄、恶搞历史、传播歪曲党史国史信息的行为实在可恨，我们应该依法从严惩处。

胡续生有一儿一女，学习成绩优异，都考上了大学，并在上学期间就加入了中国共产党，现在分别在广州和上海工作。一直令胡续生引以为豪的是，在

胡续生全家福

广州一家私企工作的女儿现在是企业党总支的宣传委员，从到企业工作起她就积极推动企业建立党组织。儿子也刚刚通过微信给他发来好消息——被评为单位的先进党员，并发来一张荣誉证书的照片。胡续生说："时代变了，现在不能要求子女像他们太爷爷那样为党的事业流血牺牲。但要把握住共产党员的本质，要有一名党员的样子，工作做人都要实实在在。这也是我对他们的唯一的要求。"

新的历史时期，共产党的队伍不断壮大，党员人数不断增加。"对党忠诚，积极工作"，这句每名新党员都要对着党旗宣誓的话，在胡家更为具体而深刻。爷爷胡灿烈士用抛头颅、洒热血的方式践行着一位革命者的信仰，奶奶赵自如以言传身教信守丈夫留下的遗愿，而他们的后人以一种朴素的情感理解和传承着前辈的选择："我们是胡灿的后人，是烈士的后人，不管什么时候什么情况下都要像爷爷那样对党忠诚，这样才对得起爷爷的英名！对党忠诚，是我们的家风，是我们永不变色的基因。"

现在退休的胡续生没有闲下来，而是甘愿在兴国县烈士陈列馆当了义务讲解员，向八方游客介绍革命英烈的功勋。而早在 20 世纪 80 年代，兴国县刚刚新建烈士陈列馆时，他就请愿参与建设，还自学了木工活，帮助制作陈列柜和展览板。“在战争年代，年轻的战士们为革命英年早逝，没有留下子嗣，我们也应该是他们的子女。”

◎ 链接：革命烈士胡灿小传

1895 年，胡灿出生在兴国县城瑶冈胡屋一个制伞工人的家庭。1917 年考入赣州省立第四中学，因品学兼优和具有社会活动能力，被选为学生会会长。为了勉励自己，他立下座右铭：“名不副实，云何价值。发奋图强，须求学力。国难瓜分，责重完璧。好自为之，莫骄莫逸。”

1920 年，胡灿中学毕业后到广州谋求职业，经胡谦介绍在稽察局工作。由于倾心革命，曾赋诗言志：“少年久客粤江东，览尽罗浮十二峰。北顾中原烽火

胡灿

急，愿如投笔吏从戎。"1924年10月，考入黄埔军校第三期步兵科。次年春，在校加入中国共产党。3月，参加黄埔学生军先锋队，讨伐叛军陈炯明。战斗中，他登梯越城，冲锋陷阵，勇敢作战，不幸负伤。

1926年，胡灿以特派员身份回到兴国进行革命活动。9月，中国共产党兴国支部干事会成立，他被选为书记。其间，和陈奇涵、萧以佐等人创办忧道学校，并兼任平川中学党课教员，利用讲授"三民主义"的讲坛，向学生传播革命思想。同时还领导建立兴国县农民协会和总工会等革命群众团体。

1927年2月，胡灿按党的指示到南昌，任叶挺部第五团团长，参加南昌起义。后随军南下，转回兴国。10月，和陈奇涵、萧以佐、鄢日新等秘密召集兴国党团活动分子在羊山举行会议，决定恢复党的组织，建立革命武装，开展抗租、抗粮、抗税、抗债、抗息的斗争。会后，他以"探亲访友""联宗拜祖"为名，在鼎龙、城冈等地进行农会组建工作，1928年春，打入兴国县靖卫团任军事教练，巧妙地控制了这支国民党地方武装。9月，中共兴国县第一次代表大会召开。会上，成立中共兴国区委，他当选为区委书记。

1929年4月，兴国县革命委员会建立，胡灿任委员并军事部长。6月，国民党军进入兴国，他率县赤卫大队在县城北面山区战斗，同时打垮了鼎龙地主武装靖卫团。当局恼羞成怒，悬赏捉拿，还纵火烧他家的房子。同年冬，胡灿任赣南红军二十五纵队参谋。1930年任红六军参谋，后又调至赣南特委工作。1931年春，国民党军"围剿"兴国，抓他的儿子做

"人质"，又放火烧了他家仅剩的两间房子。他写信安慰妻子赵自如说："房子烧了不要紧，只求人在值千金。共产主义定实现，阶级仇恨记在心。"这充分表达了一个共产党员胸怀天下的高尚情怀。

1932年5月，在肃反中被诬为"AB团"分子，遇害于兴国城北教场上。新中国成立后，经江西省民政厅批准，昭雪为革命烈士。

5. 十年采访，十年写作

——方志敏的女儿用余生"续写"《可爱的中国》

方梅的母亲缪敏把方志敏的遗著《可爱的中国》送给了方梅，并在扉页上题写："梅儿，这本书是你爸爸在狱中用血泪写出来的遗言，你要反复地精读，努力地学习，用实际行动来继承你爸未竟的事业！"这是方梅学习文化后读的第一本书。也是从这一天起，方梅开始真正了解父亲，有了一份属于自己的父爱。

方志敏写过一副对联："心有三爱，奇书骏马佳

方梅和大学生在一起

山水；园栽五物，松柏翠竹白梅兰。"他把祖国比作母亲，爱祖国的"佳山水"，并用"松、柏、竹、梅、兰"为他的五个子女起了名字。方梅，是他唯一的女儿，也是目前方志敏唯一在世的子女。严冬出生的她，如梅一般，凌寒开放，顽强不屈。

"我这一生不在乎别的，就在乎我的父亲"

方梅出生在 1932 年，严酷的战争环境下，她一出生就与父母分离，被寄养在弋阳县一个山坳的农户家里。1935 年 8 月 6 日，父亲方志敏英勇就义，时年 36 岁，方梅的母亲缪敏也因叛徒告密被捕入狱。这之前，方梅一共见过父母两次面，还都是在他们匆忙的行军进程中。"虽然与父亲接触时间太少，但听养父母说，父亲对我这唯一的女儿是格外疼爱，他最后一次来看我，把我抱起来亲了又亲，并嘱咐养母说：'革命一定会成功，请你好好将我的梅梅带大，我们全家人都很感激你……'"

2013 年 12 月中旬，我来到位于南昌市抚河北路的一个小区。这是几栋 20 世纪 80 年代

2014 年，方志敏的女儿方梅在家中接受采访

建成的居民楼，楼里没有电梯。几分钟后，我上到7楼，满头银发的方梅老人已站在门口迎候。

方梅的家中摆设简单，两只铁桶摞起来，上面铺块方巾，就是"电话桌"。卧室的床上铺着用旧毛衣接拼起来的被子，看起来很重。方梅患有风湿症，怕冷。这一切，让我想起方志敏在《清贫》中写下的名句："清贫，洁白朴素的生活，正是我们革命者能够战胜许多困难的地方！"

方梅将我牵到客厅，她的双手严重变形，手指自第二节关节处开始变形，不能伸直。"这也是风湿弄的？"我问。"这是写字弄的，这些年我写父亲，反反复复地写，写了几百万字，手就成这样。"她答。

在客厅沙发后的墙上，正中间位置挂着方志敏的三幅照片。"我别的本事没有，就是不怕苦。我花了二十年时间，前十年收集资料，后十年写作。我跑遍了父亲生活和战斗的每一个地方，采访了上千人。每到一个地方，人们听说我是方志敏的女儿，都热情地接待我。我这一生不在乎别的，就在乎我的父亲。"方梅说。

从《可爱的中国》认识父亲

方梅从小跟养父母生活在农村。敌人要斩草除根，四处搜捕方志敏的后人，为保护方梅，养父母给她改了名叫"吴梅"。直到1949年8月，全国解放在即，方梅的母亲才到乡下找到方梅并把她接到自己身边。此时的方梅已经18岁。这18年，凡穷人家孩子受过的苦难，方梅都经受过了。"我在农村只知道做农活，没有上过一天学。母亲发现我是一个没有文化的人，很伤心，就把我送进上饶烈士子弟学校读书。可我不愿

方梅近照

读书，整天想着村里的家人和田里的事，三天两头开'小差'往乡下跑，母亲就一次一次地把我抓回去，最后母亲忍受不住我对读书的抵触，痛哭说：'如果没有把你培养成有文化的革命接班人，就是没有完成你父亲的遗愿，我对不起你父亲。'母亲的话深深触动了我。从那以后，我就一心一意地读书了。"

1953 年，上了四年学的方梅已经能认一些字。10 月 19 日，母亲缪敏把方志敏的遗著《可爱的中国》送给了方梅，并在扉页上题写："梅儿，这本书是你爸爸在狱中用血泪写出来的遗言，你要反复地精读，努力地学习，用实际行动来继承你爸未竟的事业！"这是方梅学习文化后读的第一本书。也是从这一天起方梅开始真正了解父亲，有了一份属于自己的父爱。"很快我就被书中的内容所吸引，尽管有不少字不认得，但什么叫祖国，以及父亲对祖国深深的热爱，在我的思想里引起很大震动，得到前所未有的启示。"

以前生活在农村，方梅就经常听乡亲讲父亲的故事。这些故事，同父亲书中的内容联系在一起，使她深刻认识到父亲是一位了不起的英雄——一个一心为

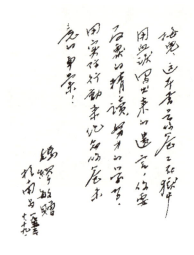

方志敏的妻子缪敏写给方梅的信，勉励方梅"用实际行动来纪念爸爸未竟的事业"

穷人翻身、为祖国奋斗的英雄，并为有这样的父亲而骄傲。

1958 年夏，方梅调到新成立的瑞金大学，负责图书室的筹建工作，从购书分类上架，到外借，以及阅览室的工作都由她负责。"我干得可欢了，因为这里有很多的书看，我开始写读后感，记日记。这为我后来写父亲的传记打下基础。我也接触了父亲更多的书，《我从事革命斗争的略述》《清贫》等等，我对父亲又有了更多的体会和理解。"

1972 年，方梅调到江西省航运管理局工作。这也使她与在南昌工作的母亲能够朝夕相处。"那时母亲苍老很多，她在江西省卫生厅当副厅长，尽管她浑身是病，但她从来不看病，不吃药，一天到晚朴素得很。母亲老是说，等什么时候老百姓都能看得起病，我再去看自己的病。"

最终，缪敏还是没有在自己身上"浪费"一次治病机会，1977 年 7 月因脑卒中病逝南昌。"母亲的一生，一刻也没有停下过忙碌的脚步，她信守与父亲结婚时的誓言，做他真诚的革命伴侣。"

凭一封介绍信走遍全国

"母亲生前，家里常来一些苏区的老同志、老乡亲, 母亲和他们一起谈父亲的事, 大家都尽兴畅快, 我在一旁静静地听着。那时, 我感到父亲是一个很有人格魅力的人, 时隔那么长时间, 人们还愿意谈父亲, 还念着父亲的好。母亲去世后, 赣东北苏区的老同志还是常来南昌, 我就接过母亲的担子, 延续着与父亲革命战友、家乡人民的血肉联系。"

方梅通过介绍信去各地采访

"在老同志的讲述中, 我听到更多父亲具体的事情, 父亲的形象变得完整、清晰, 一个念头在我脑中涌动——写一个女儿心中的父亲, 为父亲立传!"但有限的文化水平, 让方梅的这个念头很快遭遇考验: 提笔不知往哪落, 几天的时间里, 断断续续地写了几段话, 自己读起来都觉得不顺畅。"但我没有放弃这个念头, 我想, 父亲把一生献给了自己坚信的事业, 我也要像父亲那样, 把'写父亲'当成一个目标, 并用毕生精力为之奋斗。"

自此, 方梅如燕衔泥一般开始了自己的筑梦之旅。她经常利用出差到外地的机会搜集父亲的资料。"有一次, 我到闽浙赣革命根据地领导机关所在地葛源去。许多老红军一早就听说我要来, 他们有的在战争中被锯掉了腿, 一瘸一拐拄着拐杖赶来; 有的已经走不得路, 由后人背着搀着赶过来。见了我, 放声大哭, 说终于见到方志敏的后人了。他们把对方志敏的感情都寄托在我身上。我感动得不得了, 泪流满面。乡亲们也都来了, 围得里三层外三层。吃饭的时候,有两大桌老红军。乡里还特地派了一个秘书来记录。我自己也记，但我文化水平低，记得乱七八糟，只好回去又整理。"方梅经常白天在外采访，晚上回去整理笔记，有时发现某个问题没有搞清楚，又连夜跑去敲人家的门。

方梅给我看了一样东西，那是她用塑料膜封住的一封介绍信——"兹有我单位共产党员方梅同志，系方志敏女儿，因采访父亲事迹需要，请配合采访为盼。"信上盖有江西省航运管理局的章。方梅说，她就是凭着这张介绍信走遍了全国。

有一次上海市委搞"可爱的中国"文艺晚会，请方梅去，她给主办方提了一个要求：将给她买飞机票的钱直接发给她，她坐火车去，把省下的钱又买了张去浙江金华的票。"我一直很想见关押父亲的看守所的所长凌凤梧，但因经济不宽裕，没有成行。参加完上海的活动，我就直接去了浙江，了却了一桩心愿，也得到了一手资料。"

"最伤心的是有一回坐车，我的笔记本被人偷了，上面记了很多我采访的资料。我难过极了，就像弄丢了自己孩子一样，饭也吃不下。我只好重新去采访。不像你们现在有录音笔，我那时候，只有一支笔、一本笔记本。"方梅就是靠着一支笔，一本一本地记，前前后后，一共写下几百万字的采访笔记。

书写一个新的可爱的中国

攒下了丰富的史料，方梅开始动笔写。"根据实

方 梅 撰 写 的 书
《方志敏和他的亲
人们》

际情况，我认为写一部《方志敏全传》比较现实、恰
当，而且，也只有《全传》才能全景式展现父亲一生
的光辉业绩和伟大的人格魅力。"从 1995 年起，方梅
就一头钻进《全传》的写作中。从那时，她养成凌
晨 3 点起床的习惯。"凌晨的夜最安静，我能全心投
入到写作中。"在写作期间，方梅患上了严重的眩晕
症，躺在床上不能动，不得不住院治疗。"我为此痛
哭不止，生怕完不成写书任务。为了早日康复，我硬
撑着离开病床，一手扶墙一手拄木棍，坚持到室外锻
炼，跌倒了就爬起来，爬起来再走，靠坚持锻炼把病
治好了。"

《全传》写到最后一章《为了可爱的中国》时，
方梅心潮澎湃，含着泪记述了父亲在敌人监狱中的苦
难与斗争。"父亲去国民党军法处，与其说被囚禁，
倒不如说是在战斗——因为在狱中仅半年时间，他就
写下了气壮山河的誓言及《可爱的中国》《清贫》等
二十余万字的著作；他以人格的魅力，争取团结了狱
中一批友人；他因顾及同志，拒绝个人越狱，最终被

敌人杀害。"

此时此刻，女儿的感情已和父亲的精神融化在一起。"每当清晨我展纸写稿，仿佛看见父亲就站在我面前，向我微笑，期待女儿坚持工作，希望女儿幸福生活；睡梦中，我因看见父亲指挥战斗，而坐起来大声呼喊；写到父亲被敌人杀害前发出铿锵的声音：'我能舍弃一切，但是不能舍弃党，舍弃阶级，舍弃革命事业。'"至此，方梅索性丢开稿纸，号啕大哭……

功夫不负有心人。历时十年的磨砺，一部满含女儿心血的四十余万字的传奇性文学传记《方志敏全传》，经过十三易其稿，由解放军出版社出版。2006年5月，她又一鼓作气完成了《方志敏和他的亲人们》的书稿写作，并付梓印刷。女儿的心愿完成了！

如今，在南昌市北郊的梅岭山脚下，共和国优秀的儿子方志敏长眠于此。他在《可爱的中国》中把祖国比成"世界上一个最出色、最美丽、最令人尊敬的母亲"，他为祖国的新生而奋斗、而流血，即便付出生命也在所不惜！因为他相信，"中国一定有个可赞美的光明前途"。

方梅与外孙在方志敏墓前合影

数十载沧海桑田，走过八十多年岁月的方梅，亲眼见证了父亲心底那个梦想——"中国一定有个可赞美的光明前途"一步步变为现实的过程。她常到父亲的墓前祭奠。方梅写书不图名不图利，甚至还要自己垫钱。现在，方梅又有一个新的心愿：写一本书，记录一个新的可爱的中国。"如今，我看到时代的变化，国家的变化。作为女儿，应该把这一切写下来，也算告慰九泉下的父亲。"

◎ **链接：为了救可爱的中国，我俩甘愿赴汤蹈火**

——方志敏与妻子在婚礼上的誓词

1927 年 4 月 12 日，蒋介石在上海发动反革命政变，破坏国共两党合作，大肆屠杀共产党人。白色恐怖迅速波及江西。危难之际，方志敏潜入党的秘密机关——南昌市黄家巷 4 号，缪敏担任他的交通员。

方志敏

此时，恰逢全国农协秘书长彭湃来江西视察工作，他和方志敏一起住在秘密机关。彭湃知道了方志敏和缪敏之间的恋爱关系，便说："志敏，你和缪敏应该结婚了！"方志敏说："非常时期，哪能考虑个人婚姻问题！"彭湃答道："生死离别献真情，只有革命者才能做到。你有这么好的未婚妻，是你的福分。我来得巧，就让我当你们的证婚人吧！"

6月上旬的一个晚上，在秘密机关二楼，以开会的形式，方志敏、缪敏举行了婚礼仪式。方志敏在婚礼上致誓词：

> 我俩是世界上最幸福的人！
> 为了救可爱的中国，
> 为了美好的明天，
> 我俩甘愿赴汤蹈火在所不惜！

方志敏牺牲后，缪敏信守与方志敏结婚时的誓言，将子女抚养成人，并将满腔热血献给了中国革命的伟大事业。缪敏曾先后任闽浙赣省财政部文书、科长，反帝大同盟主任，中共闽北省委秘书长，延安女大指导员，华北野战军七纵队供给部副政委，华北野战三院副政委兼政治处主任，上饶地委组织

方志敏与妻子
缪敏合影

部长、妇委书记、纪检办主任，江西省总工会组织部长、省卫生厅副厅长，江西省文联委员、省作家协会常务理事。著有《方志敏战斗的一生》一书。受到过毛泽东主席接见及其签名的笔记本奖励。

◎ 方志敏档案

方志敏（1899—1935 年），伟大的无产阶级革命家、军事家，杰出的农民运动领袖，土地革命战争时期赣东北和闽浙赣革命根据地的创建人。1899 年出生，江西弋阳人。1922 年 7 月加入中国社会主义青年团，1924 年春转为中国共产党党员。1928 年 1 月，与战友创建了赣东北革命根据地，领导组建中国工农红军第 10 军。1931 年起，先后任赣东北省、闽浙赣省苏维埃政府主席，红十军政治委员，中华苏维埃共和国第二届中央执委会委员，中共闽浙赣省委书记。1934 年 1 月，在中共六届五中全会上增选为中央委员。1934 年 11 月，任红十军团军政委员会主席，奉命率红十军团北上抗日。1935 年 1 月，所部于皖南怀玉山地区遭国民党军重兵围攻，1 月 29 日被俘。在狱中，写下《可爱的中国》《清贫》《狱中纪实》等著名篇章。1935 年 8 月 6 日，在江西南昌英勇就义，时年 36 岁。

◎ 方志敏五位子女情况

方松，1923年出生，方志敏的长子。出生后随奶奶在弋阳生活，照料奶奶生活，曾被国民党抓去当过壮丁，后被乡亲解救。1950年春节期间，不幸病逝，年仅27岁。

方柏、方竹，方志敏的二子、三子。由缪敏带到延安，进延安保育院，后改名为方英、方明。方英在洪都机械厂工作近三十年，于1988年病逝，享年60岁。方明在江西拖拉机厂工作25年，后担任过南昌市政协常委，于2005年病逝，享年75岁。

方梅，方志敏唯一的女儿，江西省航运管理局退休职工。

方兰，方志敏的幼子，不幸夭折。

6. 人生的底色是追求真理
——记刘志丹独女 刘力贞

2014 年冬天，突然得知一个噩耗：刘力贞老人去世了。我一度不敢相信这是真的。一年前的冬天，我在西安家里采访力贞奶奶时，她身板硬朗、耳聪目明，怎么突然间就离开我们了呢?! 悲伤的情绪犹如一只飞鸟，想再去看力贞奶奶最后一眼，并道一声：您一路走好!

1929 年初冬的陕北，西风已吹得瑟瑟作响，连

刘力贞为本书作者题字"清风正气"

片的枯草吹倒在干涸的黄土梁上。11 月 17 日，刘力贞出生在陕西保安。在这里，她的父亲刘志丹遭受艰辛磨难，经过无数斗争，最终为中央红军保存下硕果仅存的一块根据地，这块根据地成为红军三大主力长征的落脚点。党中央和毛泽东直接领导陕甘宁边区以后，这里又成为夺取全国胜利的出发点。

84 年后，也是初冬时节，在一个朝霞铺满远天的早晨，我来到位于西安北关的刘力贞家里。84 载，坐在面前的将门之女已是银发老人。岁月镌刻了满脸皱纹，却未抚平内心的波涛。古都的城墙巍巍耸立，铭刻岁月的变迁。

老人沉浸于过往的回忆，娓娓道来中展现了父辈为救国救民历经千辛万苦的精神品格，以及她本人作为一名有着 67 年党龄的老共产党员所秉持的高风亮节。

革命摇篮里成长

1936 年，同桂荣（左一）和红军战士在保安合影（左二为刘力贞。斯诺　摄影）

刘力贞的孩提时光，是在随母躲难中度过的。刘力贞出生时，父亲在陕北名气很大，深得老百姓拥护和爱戴。当地传唱着好多首有关刘志丹的信天游："瓦子川，大梢山，刘志丹练兵

石峁湾，人欢马啸惊天地，大兵练好千千万。穷人听了心欢喜，地主老财吓破胆。"刘力贞回忆道，"父亲创建南梁（今甘肃华池县）革命根据地，对国民党形成严重威胁。国民党便派大军'围剿'红军根据地，并重金悬赏，捉拿我家老少。母亲就常带着我到山崖上的窨子（崖洞）里躲藏。"

当时，刘力贞只有三四岁，经常和母亲在渠沟山洞里一躲就是八九天，靠吃野菜维持生命。后来，当地群众偶然发现了她们，主动给她们送饭，并设法向陕甘边区苏维埃政府主席习仲勋作了报告。习仲勋很快派人把她们接到了苏维埃政府所在地南梁。习仲勋说，老刘带兵打仗，创造革命根据地顾不上管家，但我们不能不管。

"不久，父亲回到南梁，一见到我，就抱起来一个劲儿地亲吻。"刘力贞告诉我，虽然一生中与父亲共处的时光屈指可数，但父爱在她心中是清晰而深刻的。"我出生时，恰巧父亲在保安练兵团，他把我高举过头顶，兴奋地说：'咱们有孩子了！'并立刻为我取名，寓意为革命要有力量，革命要追求真理。"在随后几十年的人生岁月中，刘力贞没有辜负父亲的期望，坚守着"实事求是、追求真理这最起码的为人准则"。

1935 年 10 月，中央红军长征进驻陕

1936 年，刘志丹夫人同桂荣与女儿刘力贞合影

北。"1936年1月，父亲被任命为红军东征北路军总指挥兼二十八军军长，率四县集中起来的千人规模的二十八军东征。临行前夜，父亲抱起七岁的我亲了亲说，'你是爸爸的好女儿'。"这温柔而又有力的一抱，成为父女的永诀，久久印刻在刘力贞的记忆中。

1936年4月，刘志丹在前线不幸中弹牺牲。瓦窑堡南门外的山坡上，红军部队两三千人参加了刘志丹将军的葬礼。同时，中央将刘志丹的出生地——保安县改名为志丹县。毛泽东称他是"群众领袖，民族英雄"；周恩来题诗说："上下五千年，英雄万万千，人民的英雄，要数刘志丹。""那天，满院子的梨花开着，洁白一片，好像在替父亲戴孝。"

父亲牺牲后，刘力贞随母离开瓦窑堡到志丹县。"临行前，母亲买了些纸烟，到父亲墓前祭奠，说：'老刘你放心，我会抚养孩子成人，继承你的遗志，像你一样做个忠诚的共产党员。'"刘力贞的母亲同桂荣此时已受刘志丹影响走上革命道路，在红军后勤部做军旗，为红军官兵做衣服、缝被子，看护伤病员。毛泽东、周恩来、谢觉哉等中央领导人都吃过"刘嫂子"的剁荞面。此后，刘力贞一直随母亲生活在陕北。

"三秦大地就是我的根"

1948年，19岁的刘力贞已经有了两年的党龄，成为延安大学校部秘书。这期间，她认识了后来的丈夫、当时在《群众日报》工作的记者张光。

新中国成立后，国家急需各类专业人才，20 岁的刘力贞选择学医。"父母都说过，革命就是为老百姓做好事。怎样才能为老百姓做好事呢？在我看来，不仅要让大家有吃有穿，而且应该有病能治，让人们生活得健康幸福！"1949 年，她离开母亲独自北上，先到哈医大学习一年，毕业后，她不满足只能"开点阿司匹林和白开水"，后又选择到沈阳的中国医科大学医疗系继续深造。这一学就是五年，毕业后，上海第一医学院选拔副博士研究生，刘力贞以优异的成绩被选中，成为十名入选者之一。这期间，由于学习紧张，她患上了严重的肺结核，不得不中断学业，于1958 年回到陕西，到西安市医学院任职。

20 世纪 60 年代，陕西遭遇百年不遇的大旱，省里派一支医疗队到陕北重灾区米脂县巡回医疗。当时刘力贞结核病还未痊愈，经常发低烧，她拖着病弱的身体，担任三十多人规模的救灾医疗队队长，风餐露宿地辗转在沟沟壑壑的黄土梁，与老百姓同吃同住同劳动。采访中我请她回忆当时治病的情景，但老人摇摇头："太多了，具体的病例记不清了。那时候老百姓真苦，我们医疗队只能哪有病人就赶过去治，治完了又马不停蹄往下家赶。在没有手术台的情况，我让几个医疗队员举着灯泡为病人开刀。"

之后，刘力贞一直没有离开三秦大地，尽管有好多调动的机会，但她都坚守在岗位上。1979 年，陕西省第五届人大工作会议补选省人大常委会副主任，刘力贞作为区里的人大代表参选，并高票当选。但刘力贞不愿离开自己的业务工作，迟迟没有去省人大履职。最终在 1987 年，58 岁的刘力贞从业务岗位上退下来后，才到省人大常委会履新，主抓科教文卫工作。好多人认为，好不容易从业务岗位上退下来，应该颐养天年，但刘力贞却更忙了，"大家选我是信任我，我不能辜负这份信任！"她一上任就往县乡跑，"那里老百姓的日子不好过"。

有一年，一名叫"山丹丹"的小学生给她写信，说村里穷得办不起学，自己很想上学。刘力贞看了信后心急如焚，立马启程赶到几百公里外的山区。眺望远山，她眼里噙着泪花："没想到，父亲几十年奋力改变的地方，今天还穷成这样，孩子们连上学的基本条件都没有"。刘力贞立誓要让老百姓过上好日子，她四处联系，在任六年期间建起五座希望小学。为缓解三元县等地的旱情，她协调有关部门为老百姓建起两座拦河大坝。从省人大常委会副主任的岗位退下后，她又担任老区建设促进会的会长。只要对老区发展有利的活动，她都要参加，坚持为老区发展发挥余热。

从当时的热血青年到如今的耄耋老人，几十年来，她的脚步一直站稳在这片生养她的土地。老人说，"只要心是热的，脚步就是稳的"。现在，老人有时唱两句秦腔，她喜欢唱一段秦腔——《花木兰替父从军》："劝爹爹放宽心村头站稳，儿我有心中话禀告父亲，遇国难我理应挥戈上阵，也为了尽孝道替父从军……"

六十载风雨同路

采访中，谈到兴浓之处，老人会哈哈笑几声。她笑道："我这个人一辈子就是个'死心眼'，认准了的

刘力贞在家中翻
阅老照片

事情就咬住不放松。我们家老张更是这样,我们俩
'死心眼'凑一块了!"

采访过程中,张老一直坐在刘老旁边,脸上的笑
容从未散去,时不时地补充些信息。

张光,曾任《陕西日报》总编辑,与刘力贞同
岁,干了一辈子宣传工作。因为自小字写得好,在马
栏中学时就负责刻字印课本。"我当时13岁。有一
次,习仲勋到马栏检查工作,见我字写得好就问我,
以后要做什么工作。我说要上前线打敌人。习老说,
等你比枪高了就当兵去。"后来张光没有当兵,而是
当了记者。在《群众日报》当记者时,他常给时任地
委书记的习仲勋送审稿子。"习老还记得当年在马栏
中学的谈话,并勉励我当记者要和战士上前线打仗一
样,必须到第一线去才能写出好文章!"张光回忆道,
"习老对文章要求很高,要短要实。"

在延安期间,习仲勋知道张光和刘力贞谈朋友,

2013 年冬刘力贞
与丈夫张光在家
中合影

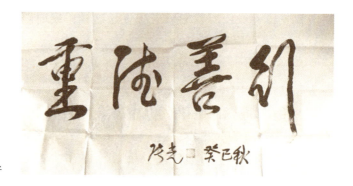

张光题字

嘱咐张光道："要认真，真诚相待。"1954 年 3 月 7 日，
张光和刘力贞举行了婚礼。婚后，两人感情一直很
好，但因工作和时局关系，分多聚少。

先是 20 世纪 60 年代初期，刘力贞常年带着医疗
队在县乡巡诊，之后又遭遇"文化大革命"的冲击，
1969 年，两人被下放两年，"造反派要让我俩分得远
远的，把我分到陕南，把老张分到陕北。"两人被迫
离开工作岗位，开始一段颠沛流离的生活。人生最好

的光阴都在颠沛坎坷中度过，但两位老人对党的信念始终没有动摇。

回忆过往，老人平静而坦然。刘老说："我们俩一辈子没红过脸，我们俩不争，我们也不跟别人争。知道自己做的是对的，这就够了。"

◎ **链接：为救国救民我可以献出一切**
——刘志丹写给妻子的信

1935 年 10 月，中央红军长征进驻陕北。1936 年 1 月，毛泽东、周恩来、彭德怀、刘志丹等决定组织中国人民红军抗日先锋渡河东征，刘志丹被任命为红军东征北路军总指挥兼二十八军军长，率四县集中起来的千人规模的二十八军东征。临行前，刘志丹给夫人同桂荣写信道：

1992 年，刘志丹的妻子同桂荣追忆丈夫

"这次上前线，是再去为我的信念而奋斗，又一次表白我对国家，对人民，对党的忠诚，为救国救民我可以献出一切。这一去可能时间很长，战斗也一定很残酷。过去我对你和孩子关心不够，你要谅解。"

◎ 刘志丹档案

刘志丹

刘志丹（1903—1936年），陕西保安县（今志丹县）人，陕北红军和苏区主要创建人之一，中国工农红军高级将领。

1924年加入中国社会主义青年团，1925年春转入中国共产党，同年冬受党指派进入黄埔军校第四期学习。1928年4月，参与领导渭华起义。1931年10月，和谢子长等组建西北反帝同盟军，后改编为中国工农红军陕甘边游击队，任副总指挥、总指挥。1935年2月，任西北革命军事委员会主席。1935年9月，红二十六军、红二十七军与红二十五军会师，组成红十五军团，任副军团长兼参谋长。

中共中央到达陕北后，历任西北革命军事委员会后方办事处副主任、红军北路军总指挥兼第二十八军军长等职。在他的影响下，陕北红军与中央红军团结一致，共同对敌。1936年，率红二十八军参加东征战役。同年4月14日，在中阳县三交镇战斗中英勇牺牲，时年33岁。

7. 父亲将赵一曼三个字刺在身上

——访赵一曼烈士的孙女陈红

1982 年，陈掖贤因病去世，没有给后人留下任何家产，只有寥寥数行的几句话："不要以烈士后代自居，要过平民百姓的生活，不要给组织上添任何麻烦。以后自己的事自己办，不要给国家添麻烦。记住，奶奶是奶奶，你是你！否则，就是对不起你奶奶。"

陈红，1958 年出生，四川省大件运输公司退休职工，赵一曼烈士的长孙女。赵一曼有两个孙女，一是陈红，二是在国外的陈明。陈红和奶奶赵一曼长得很像。矗立在四川宜宾翠屏山的赵一曼塑像，就是以陈红为原型塑成的。后来，赵一曼纪念馆专门制作了一件缩微

陈红珍藏着奶奶的老照片

版的赵一曼塑像送给她，陈红视其为珍宝，一直放在身边。

2014年，陈红从工作岗位上退了下来，也有了外孙。这年8月初，我专程到成都采访她。走进陈红家，最显眼处摆着那尊汉白玉雕成的赵一曼雕塑，雕塑中，赵一曼的头发随风摆动，目光轻柔地看着脚下的土地。这样的眼神中，丝毫没有透露出她为这片土地所经受的惨无人道折磨的痛苦。

即便家里摆着奶奶的雕塑，但每年清明和奶奶祭日，陈红都会和家人到翠屏山赵一曼雕塑前祭扫。"每到那里，心都特别安静，像触摸到奶奶的灵魂。"在家中，陈红给我看了父亲和她手抄的赵一曼临刑前的手书。三十多年过去了，纸张已泛黄变脆，可当时的笔迹依然清晰，那是两代人对前辈饱含深情而力透纸背的爱。故事就从这份手书讲起。

陈红保留着赵一曼的革命烈士证明书

赵一曼：希望儿子一生安宁

"宁儿！母亲对于你没有尽到教育的责任，实在是遗憾的事情。母亲因为坚决地做了反满抗日的斗争，今天已经到了牺牲的前夕了。母亲和你在生前永远没有再见的机会了。希望你，宁儿啊！赶快成人，来安慰你地下的母亲！我最亲爱的孩子啊！母亲不用千言万语来教育你，就用实行来教育你。在你长大成人之后，希望不要忘记你的母亲是为国而牺牲的！你的母亲赵一曼于车中。1936年8月2日"

信中的宁儿，是赵一曼唯一的儿子，大名陈掖贤。1929年1月21日出生在湖北宜昌，这一天是列宁逝世五周年纪念日，所以赵一曼给他起名为"宁儿"，并希望儿子一生安宁。然而，赵一曼自己短暂而壮烈的一生，却历经坎坷和磨难，与安宁无缘。

1905年10月25日，赵一曼出生在四川宜宾县城几十公里开外的小山村，原名李坤泰。20岁时，她已成长为宜宾爱国学生运动的领袖，1925年五卅运动之际，她带领两千多名学生参加反帝爱国斗争游行，同年加入中国共产党。11月，黄埔军校第六期决定招收女生，这在中国历史上，是军事院校第一次招收女生，赵一

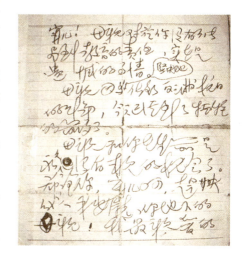

赵一曼写给儿子的亲笔信

陈红讲述奶奶的
故事

曼得知后报名。因为之前丰富的斗争经历，赵一曼顺
利得以录取，全家人在宜宾合江码头为她送行。这一
走，她就再也没有回过家乡。

在军校学习两年后，由于表现优异，组织又派她
去苏联学习。1927 年 9 月，在上海吴淞码头，赵一
曼和四十多名共产党员一同登上苏联商船。正是在这
艘船上，赵一曼与丈夫陈达邦相遇。

1928 年 4 月，经党组织批准，他们在莫斯科结
婚。由于学习和生活异常艰苦，赵一曼身患肺病。这
年暑假，陈达邦陪伴她到苏联的克里米亚海滨疗养，
共同度过一生中最美好的时光。

此时，国内急需女干部，组织安排她提前回国工
作。肺病未好，又身怀六甲，但赵一曼坚决服从组织
安排。临行前，陈达邦将自己的怀表送给她，二人从
此永别。

赵一曼回国后，在上海、宜昌、南昌等地工作。
1931 年，九一八事变爆发，东北沦陷。赵一曼找到
组织主动要求去抗日一线，理由是她在军校学过军

事，能带兵打仗！

赴前线时，她写了一首诗——《滨江述怀》："誓志为国不为家，涉江渡海走天涯。未惜头颅新故国，甘将热血沃中华。白山黑水除敌寇，笑看旌旗红似花。"

1934年，赵一曼从哈尔滨奔赴珠河抗日游击区。由她任政治部主任的东北人民革命军第一师第二团，英勇善战，威震珠河。在游击区，赵一曼闻名遐迩，"哈东二赵"（赵一曼和第三军军长赵尚志）成为日寇眼中的最大威胁。日寇千方百计要抓捕她。1935年11月14日，由于战斗中受伤昏迷，赵一曼不幸被俘。凶残的日寇对赵一曼持续刑讯，但从赵一曼嘴里抠出的话只有一句——反满抗日，就是我的目的、主义、信念……经过长达一个多月的刑讯，赵一曼已被折磨得奄奄一息。仍心存幻想的日寇把她押送到哈尔滨市立医院抢救，当时拍的X光片显示：被七九式步枪子弹击穿的大腿骨碎成24片，满身伤痕累累。后来，日寇又对赵一曼实施了各种惨绝人寰的刑讯手段……新中国成立后，绰号"活阎王"的用刑主凶之一吴树桂供述："赵一曼简直就是一块铁……"档案记载，直到牺牲，日寇也没弄清赵一曼的真实情况。"我奶奶曾向他们称是湄州人，其实那是奶奶家乡一句自嘲的玩笑，小孩遇到倒霉事，常自嘲'走湄州'了。"陈红说。

赵一曼的儿子：不敢领母亲的烈士抚恤金

"由于奶奶到东北参加抗日工作，长期使用化

赵一曼与儿子宁儿合影

名，我父亲一直不知道亲生母亲下落。只知道自己母亲很早就参加革命了。"直到1954年，陈红的二姨奶奶、赵一曼的二姐李坤杰经过不懈的努力，找到了赵一曼的战友、时任国务院宗教事务管理局局长的何成湘。何成湘见到李坤杰提供的赵一曼生前留下的唯一一张照片——那张母子合影后，最终确认赵一曼就是原名李坤泰、从巴蜀走出来的那位平凡而伟大的女性。"对于父亲而言，杳无音信的母亲终于'回家'了。"陈红手捧着这张珍贵的合影，动情地讲述。

"父亲第一次见到奶奶写给他的遗书，是在1954年东北烈士纪念馆里。父亲看完大哭一场，手抄了一份留作纪念；多年后，又将他手抄的这封遗书交给我。回到家后，父亲用钢针蘸着蓝墨水在自己手臂上刺下三个字'赵一曼'，也刻在了心里。那时，全国正在放映《赵一曼》的电影，父亲想去看，但每一次看又极为痛苦，尤其不忍心看自己母亲遭受的磨难。"

赵一曼临刑前，她还写下了这样一段字："亲爱的我的可怜的孩子，母亲的死不足惜，可怜的是我的孩子。母亲死后，我的孩子要替代母亲继续斗争，自己壮大成人，来安慰九泉之下的母亲。我的孩子自己好好学习，就是母亲最后一线希望。一九三六年八月二日，在临死前的你的母亲。"

"父亲一生一直牢记着奶奶遗书中对他的嘱托，他学习成绩优秀，考入人民大学外交系。毕业时，周恩来总理对他很关心，经常去看他。按照父亲的专业完全可顺理成章地成为一名外交家，但父亲觉得那时祖国更需要的是工业建设，于是他就去北京工业学校（后改成北京机电研究院）工作。我们做子女的能看出，虽然父亲在自己母亲怀抱里的时光极其短暂，但父亲对奶奶的感情极其深厚。后来，党和政府要给父亲发赵一曼的烈士抚恤金。他说：'我不要，妈妈的鲜血钱，我是用它来吃还是来穿？'这样，他连烈属证也没有办，任何待遇也没有要。"

1982年，陈掖贤因病去世，没有给后人留下任何家产，只有寥寥数行的几句话："不要以烈士后代自居，要过平民百姓的生活，不要给组织上添任何麻烦。以后自己的事自己办，不要给国家添麻烦。记住，奶奶是奶奶，你是你！否则，就是对不起你奶奶。"陈红牢记父亲的话，多年来一直低调生活，从不向外人说自己的身世。

"宁儿"陈掖贤

1987年2月，陈红和爱人离开北京，到四川成都工作并照顾年迈的二姨奶奶。她认为，这里才是她此生的落脚之地。

赵一曼的孙女：有着一颗同样倔强的心

直到 2005 年，中央电视台拍纪录片《赵一曼》，摄制组几经周折找到了陈红，让她在片中读赵一曼留给她父亲的那封信。纪录片里记录下了这样一个镜头：面对亿万观众，陈红哽咽地念道——"宁儿：母亲对于你没有能尽到教育的责任，实在是遗憾的事情……"

时迁世易，今天陈红读起这封信，想起奶奶、想起父亲，依然不禁流泪。跟陈红共事二十多年的同事，因为在电视里看到这部纪录片才知道陈红是赵一曼的孙女。之后，一个参加侵华战争的日本老兵闻讯找到陈红，希望能够接受他的当面忏悔。陈红说："对不起，我不能接受。你老了，要在良心上得到解脱，可我的国恨家仇怎么办？再说，贵国政府一向的态度，都使我不能接受你的忏悔。"日本老兵又拿出钱来，对陈红进行经济补偿，陈红说："这就更不行了，先生。我，赵一曼的孙女，怎么可能要日本人的钱呢！不但是我，就是别的中国人，也不会。金钱不能赎回战争的罪恶，请你收回去！"日本老兵悻悻而退。2008 年年初，日本《朝日新闻》采访陈红，希望她到赵一曼的故居去做画面介绍。陈红说："我听了你们的采访计划，表面上看是好的。可是，你们国家对侵华战争死不认罪的态度，你能如实报道吗？对不起，我不能接待你们。"

当时，那位日本老兵本以为可以得到赵一曼后人原谅，落个"功德圆满"，遂请来电视台全程跟踪拍摄，但结果他万万没想到。中方电视台还是将当时情景播了出去，人们得以看到，有着和赵一曼烈士一样外貌的后人，同样也有颗倔强的心。

陈红的这份倔强还体现在不遗余力地宣传赵一曼精神上。赵一曼是在东北参加抗日而牺牲的，东北人民对赵一曼格外敬重，经常有东北的单位请陈红去讲讲奶奶的故事和精神。每接到这样的邀请，陈红不计任何成本也要去。她经常在宣讲的现场被层层的人群围住，人们希望听到更多关于赵一曼的细节。每到这时，陈红内心就会充满力量——"奶奶是一个弱女子，甚至给自己取的字都为'淑宁'，希望安宁平静地生活，但时代没有给她一个安宁的立锥之地。她没有屈服，而是选择了反抗，选择了一种为更多人的安宁而不惜牺牲的信念，成就了一项伟大的事业。"在一次次与奶奶的灵魂"对话"之后，陈红感到，任何时代都需要赵一曼这种敢于担当的信念。有了这份信念，一个人方能成为优秀的人，一个民族方能成为伟大的民族。

◎ **链接：临刑时刻，赵一曼最牵念儿子**

——赵一曼写给儿子的信

根据日伪档案记载，1936 年 8 月 2 日，赵一曼被押上开往刑场的火车。她虽感到死亡迫近，却丝毫没有表现出惊慌的神态。在生命最后时刻，她最为牵念的是唯一的儿子。她向看守人员要来纸和笔，写下了这封遗书。

宁儿！

母亲对于你没有尽到教育的责任，实在是遗憾的事情。

母亲因为坚决地做了反满抗日的斗争，今天已经到了牺牲的前夕了。

母亲和你在生前永远没有再见的机会了。希望你，宁儿啊！赶快成人，来安慰你地下的母亲！我最亲爱的孩子啊！母亲不用千言万语来教育你，就用实行来教育你。

在你长大成人之后，希望不要忘记你的母亲是为国而牺牲的！

你的母亲赵一曼于车中

1936 年 8 月 2 日

◎ **赵一曼档案**

赵一曼（1905 年 10 月—1936 年 8 月），原名李坤泰，四川省宜宾县白花镇人。中国共产党党员，抗日民族英雄。曾就读于莫斯科中山大学，毕业于黄埔军校六期。

1931 年九一八事变后，赵一曼调到东北，在沈阳工厂中领导工人斗争。

1932 年，赵一曼任满洲总工会秘书，组织部长。

1933年，赵一曼任哈尔滨总工会代理书记。同年4月，参加领导了哈尔滨电车工人反日罢工斗争。

1934年春，赵一曼任中共珠河中心县委委员、铁北区区委书记。她发动群众，建立农民游击队，配合抗日部队作战。后兼

赵一曼

任东北人民革命军第三军第二团政治委员，率部活动于哈尔滨以东地区，给日伪以沉重的打击。7月，她赴哈尔滨以东的抗日游击区，任珠河中心县委委员，后任珠河区委书记，一度被抗联战士误认为是赵尚志总司令的妹妹。

1935年秋，赵一曼兼任东北人民革命军第三军一师二团政委，群众亲切称她"瘦李""李姐"，而当地战士们则称她为"我们的女政委"。日伪报纸也惊叹这位"红枪白马"的女军人。

1935年11月，在与日军作战中，赵一曼为掩护部队，腿部负伤后在昏迷中被俘。在狱中，受到日军酷刑折磨，但没说出一字有关抗联的情况。她坚贞不屈地说："我的目的，我的主义，我的信念，就是反满抗日。"

1936年8月2日，赵一曼壮烈牺牲于日军的屠刀下，年仅31岁。

8. 精神财富世代相传

——访"双枪芙蓉"贾春英之孙潘平

贾春英完整地参加了土地革命，后来又参加了抗日战争和解放战争，按照革命资历和斗争经历，她本可享受很高的待遇。但新中国成立后，她自己认为祖国不需要她再去战斗了，便解甲归田。1984年3月，贾春英在湖北阳新县潘彦村乡下的民居里平静地走完传奇的一生。弥留之际，潘平时刻陪伴在奶奶身边，看着她佝偻瘦弱的身躯和满身伤痕，不由地感慨：她一生从不炫耀功绩，唯有这满身伤痕为她英雄的一生留下注释。

从1927年8月到1937年7月，中国共产党在轰轰烈烈的土地革命时期建立了大大小小十三块革命根据地，其中较大规模的有六块，湘鄂赣革命根据地就是其中之一。湘鄂赣的战争极端残酷，但边区人民敢于斗争勇于牺牲，许多地方出现了"锣鼓震天响，标语贴满墙，妻子送丈夫，父母送儿郎，昨天拿锄头，今日

上战场"的场面。贾春英正是在这样的革命浪潮中走上了革命道路。童养媳出身的她，13 岁跟随表哥罗冠国投身革命，15 岁加入中国共产党，18 岁担任鄂东特委妇委书记（直属中共中央），领导十几个县的妇女运动，20 岁担任湘鄂赣省委巡视员，管辖三十几个县的革命运动。从家乡湖北阳新县出发，到江西的修水、万载，再到湖南的浏阳、平江，她历经了整十年土地革命时期的残酷斗争。湘鄂赣的崇山峻岭，留下了她跃马战斗的身影。她英勇善战，领导的游击战打得敌人闻风丧胆。敌人对她恨之入骨，叫她"土匪婆子"；边区人民传颂她英勇杀敌的故事，赞她为"双枪芙蓉"。在湘鄂赣苏区所在地湖南省平江县，至今还流传着一首民谣：上打咚咚鼓，下打砰咚咚。两边齐打起，迎接双枪女芙蓉。

新中国成立后，这位一度"威震湘鄂赣"的女英雄却归隐乡里，她辞去一切职务，回到丈夫故居，在湖北筠山脚下潘彦村的民宅里独守清贫，坚持不要个人待遇、不要国家抚恤，过着普通农妇的生活，平静走完余生。

贾春英的丈夫潘涛是毛泽东的学生，是早期的革命思想传播与践行者。1927 年入武昌中央农民运动讲习所学习，1929 年参加红军。在抗日战争中不幸牺牲，残忍的日军将其头颅砍下，挂在河边树上示众。此时，他与贾春英唯一的孩子出生仅一个月。

这样一双为革命事业抛头颅、洒热血的英雄夫妻，留给后人的只有 16 件生前用品，其中包括贾春英当年的领章、帽徽，战斗使用过的红缨枪、火药筒、马鞭、皮带扣、鸳鸯刀，两枚发卡，以及潘涛战

贾春英当年使用过的鸳鸯刀、领章帽徽、武装皮带扣、火药筒、红缨枪、发卡

斗用过的刺刀、枪套等。

2013 年 7 月，贾春英之孙潘平将这些遗物捐赠给武汉革命博物馆的中央农民运动讲习所旧址纪念馆。岁月峥嵘去，壮士忠魂在。如今，这些饱受战火洗礼的珍贵物件跨越近百年时光，静躺在和平岁月，以无言的肃穆诉说革命先烈舍生取义的报国壮志和赤胆忠心。

5 月的春风情深意暖，苍松翠柏抱拢着位于武昌的中央农民运动讲习所旧址纪念馆，在这里，笔者见到了贾春英之孙潘平。睹物思人，看到这些遗物，潘平不禁想起一手将自己抚养成人、共同生活了 15 年的奶奶。

跃马扬鞭　冲锋陷阵

潘平 1970 年出生，在他童年的记忆里，奶奶与其他乡下妇女没什么两样，穿着补丁叠补丁的衣服。

不到六十岁的她，腰就
直不起来，每天佝偻着
九十度弯曲的腰上山干
活，靠卖柴、卖菜的微
薄收入支撑一家生计。
"要说与普通人不一样的
地方，就是奶奶身上因
枪伤留下的疤痕不计其
数，和脸上的皱纹一样
多。"潘平说。

贾春英的孙子潘
平接受采访，讲
述奶奶的故事

　　童年的潘平与奶奶的生活简单平静，日出而作、
日落而息，他最大的快乐当属晚上点一盏青灯、伴一
缕凉风，听奶奶讲革命年代的战斗故事。

　　"奶奶刚一投身革命，就经历了腥风血雨的白色
恐怖。在战争最为惨烈的时候，她小小年纪就学会了
骑马，还学会了双手持枪射击。'双枪老太婆'这一
革命形象，就是根据她和她战友的事迹改编的。"

　　"有一次，奶奶骑马执行任务，对面是敌人手持
机关枪把守的封锁线，临近跟前，她一下子翻到马肚
下闯了过去。"潘平说，在奶奶的革命生涯中，生与
死的界限就在一线之间。她还几次身陷囹圄，饱受酷
刑折磨。

　　"即便当时革命斗争异常残酷，但奶奶回忆当初
情景时却始终带着乐观精神，她常念起当年吃的'金
丝汤'（南瓜汤）、穿的'金丝鞋'（草鞋）、睡的'金
丝床'（稻草堆）。"

　　潘平的爷爷潘涛，读过书、有学问，当过红三师
的文书参谋，后来奔赴前线参加战斗，从连长、营长

干起，跟着有丰富实战经验的贾春英学习打仗。

"奶奶说我爷爷作战有很多缺点。我奶奶喜欢打游击战、伏击战、运动战，打得赢就打，打不赢就跑，经常在深山躲起来，半个月不露面，等敌军驻扎下来，她再带兵去偷袭。所以，敌人都称她为'土匪婆子'。我爷爷不一样，就是剩下他一个人也要打，非要战斗到死。"

1940年年初，潘涛带着游击队到湖北嘉鱼一带抗击日军，跟敌人激战了五天五夜将日军击退，但游击队也损失了三分之二。"如果我奶奶在的话，会主动提出来转移，但是我爷爷就不转移，最终被日军偷袭得手。残忍的敌人把我爷爷的头颅砍下……"

"爷爷牺牲后，战友将他生前用的物品交给太爷爷。唯一的儿子牺牲了，我太爷爷伤心得不得了，每天天没亮就蹲在茅房里抹眼泪。我奶奶知道了，'教训'他：那么多革命战士都牺牲了，你儿子就不能牺牲啊！我都准备随时牺牲。革命就是要死人的！吓得太爷爷以后都不敢哭了。"

革命不是请客吃饭，革命就是要死人的！革命战争年代，千千万万的英雄儿女前赴后继，为中国革命献出了宝贵生命。沧海桑田，换了人间。如今漫步在宁静的革命纪念馆，凝视革命先烈用过的武器，他们用刀斧对战枪炮武装的敌人。在物质力量悬殊的条件下，中国革命取得胜利，靠的是千万革命前辈高超的作战智慧和强大的精神信仰。英雄虽逝，精神犹在。潘平说："将爷爷奶奶生前物品捐献给纪念馆，就是想让更多的人了解中国革命的胜利是怎么来的。"

解甲归田　独守清贫

2012 年 12 月，在纪念贾春英、潘涛诞辰 100 周年的座谈会上，党史专家石仲泉研究员从历史角度评价了贾春英作出的贡献："土地革命的十年，是我们党领导的红军和革命事业不断扩大、走向繁荣的十年，是我们党牺牲最为惨烈的十年。贾春英经历了土地革命战争十年的残酷斗争，凝聚了湘鄂赣苏区从最初创建到最后游击战争的全过程，她是苏区精神的代表。"

贾春英完整地参加了土地革命，后来又参加了抗日战争和解放战争，按照革命资历和斗争经历，她本可享受很高的待遇。但自新中国成立后，她自己认为祖国不需要她再去战斗了，便解甲归田，没向组织提过任何要求。

1984 年 3 月，贾春英在湖北阳新县潘彦村乡下的民居里平静地走完传奇的一生。弥留之际，潘平时刻陪伴在奶奶身边，看着她佝偻瘦弱的身躯和满身伤痕，不由地辛酸：13 岁就开始为民族的独立、人民的幸福奔波征战，但祖国强大了，她却悄然离去。她一生从不炫耀功绩，从不计较待遇，唯有这满身伤痕为她英雄的一生留下注释。

"这是奶奶的选择，她一生无怨无悔！生前常有战友和各级组织来家里看望她，要给她待遇，但都被奶奶拒绝。她常讲，当年我们枪林弹雨、九死一生都过来了，并取得了革命的胜利，实现了将红旗插遍全国的誓言，我现在能够自食其力活下来，并且有了子孙，这就是一种待遇了。我们的国家目前还不富裕，让组织去帮助有需要的困难群众吧。有人不理解奶奶的坚持，奶奶就说，我们当年闹革命，只是为了穷人有饭吃，大家能获得自由，不是为了当官、为了挣钱，如果为了金钱和权力，当年敌人早就把我收买了。那样，老百姓不会支持我们，革命也不会成功。"

创业维艰　砥砺精神

"早占取韶光、共追游，但莫管春寒，醉红自暖"，这是潘平喜欢的一句诗，"人活着就要实现自己的人生价值，做到无怨无悔。"奶奶去世后，潘平离开湖北阳新县老家，一人在外求学、创业。1994年，24岁的潘平大学毕业，某国家部委已同意接收他去工作，但他最后选择自己创业。潘平说："创业最能够考验人的意志品质。就我们党的历史来说，十年土地革命时期是我们党的创业阶段。从这个历史时期走出来的党员，意志也最为坚定。"

潘平

创业中，潘平历经磨难，但他始终没有放弃。"艰难的时候想想前辈'不怕流血牺牲'的苏区精神。爷爷奶奶可以为了自己的信仰舍弃生命，和平年代还有什么样的困难不能克服?!"凭着这股不怕吃苦、不怕失败的劲头,潘平的事业从小到大。经过十几年的奋斗,到如今,潘平已有了自己的企业和家庭。

十几年前潘平就在挖掘红色遗迹,倡导红色文化,收集革命战争时期的物品,奔走于革命老区,看望幸存的老红军。事业进入稳定期,潘平决定要为奶奶做些事情。2012 年 12 月,以奶奶诞辰 100 周年为契机,潘平提出做"六个一工程":为奶奶组织一次座谈会、拍一部专题纪录片、编写一部书、拍一部电视剧、拍一部电影和建一个纪念馆。他坦言,做这些事情的初衷是出于孝心,想法很简单,"我从小跟奶奶长大,最了解奶奶,奶奶走了,我想把奶奶生前做过的事记录下来,作为永久的记忆。"目前,"六个一工程"已完成了前三个。

为还原真实历史,潘平挤出大量时间到奶奶曾经战斗过的地方进行寻访。他常奔波于湘鄂赣三地,看档案、访老乡。随着寻踪工作的深入,掌握的资料越来越多,潘平内心变得沉重。据他考证,他的故乡湖北阳新县有 60 万人口,在整个革命战争年代牺牲的就有 20 万,损失最严重的时候就是在土地革命时期,牺牲了 10 万人。

"江山来之不易啊! 我们今天的幸福生活是先辈们用鲜血换来的。我们应该感激先辈,应把先辈留下的红色基因传承下去。"现在,潘平在"六个一工程"基础上有了更大的想法:宣传和弘扬湘鄂赣革命根据地精神,继承先烈遗志,传递正能量。他常受到许多部门邀请去演讲,弘扬革命传统精神,传播红色文化。近几年,潘平将自己大部分收入捐献出去,用于湘鄂赣地区革命遗址及烈士陵园的修缮建设。目前，他已累计捐款 200 多万元。受访前后这几天，他正忙着在湘鄂赣三地选址建设三所红军小学。"家富万贯过不了三代，但精神的财富可以世代相传。"潘平说道。

◎ **链接：国无宁日，谈何家全**

——潘涛写给妻子贾春英的信

贾春英和潘涛

贾春英，传奇女侠，在湘鄂赣苏维埃，大家都称她为"春姐"。1936 年 12 月，在平江"黄金洞"一带活动时，被叛徒出卖，负伤被捕。因春姐在湘鄂赣省委机关工作过，熟悉了解情况，敌人非常想撬开春姐这张嘴，当利诱不成后，敌人便动用酷刑，试图彻底摧毁春姐意志，但最终都失败了。之后，春姐被党组织营救出狱，由于在狱中受尽折磨，她的身体严重受损，再也不能像以前那样驰骋疆场了。

出狱后，迎接她的是一个叫潘涛的游击队员，一路上，潘涛对她体贴入微，让春姐感受到久违的温暖。出狱后，春姐被安排到新四军平江通讯处工作，潘涛继续游击战争。1937 年 12 月，春姐与潘涛这对在烽火岁月中相遇、相知的战士结为夫妻，共同为救亡图存奋不顾身。战争期间的革命夫妻总是聚少离多。1940 年年初，潘涛带着队伍途经家乡阳新筠山，与春姐近在咫尺，本想下山看望妻子和刚出生还未满月的儿子，但晚上接到上级紧急转移的通知，这一去，没想到竟成永别，他再也没能看到自己的孩子。这封信，是潘涛临别筠山时匆忙留给妻儿的。

吾妻春英：

　　此次率队途经家乡，驻扎筠山，与亲人近在咫尺之遥，本想到家探望汝和未满月儿子，然刚接上级电令队伍连夜转移急赴抗日前线。倭寇践踏我国河山，苏区许多革命同志为国捐躯，其中不少是汝熟悉之同志，吾与队友化悲痛为力量！急赴前线杀敌，倭寇不除，国无宁日，谈何家全？尔现身在后方搜集情报，因妻曾是我党领军人物，无容嘱咐，吾安然与心。抗战胜利之日，就是我返家之时，特命警卫员捎来一信并携带物品以兹慰藉留存是幸。

潘涛夜临别匆匆于筠山

◎ **潘涛简介**

　　潘涛，贾春英同志的丈夫，阳新县陶港镇潘彦村人。1912年7月出生，自幼随父读书，博览五经四书。1927年3月赴毛泽东举办的武昌中央农民运动讲习所学习。1928年8月回家乡阳新县，以乡村教师的身份向人民群众传播革命思想。1930年7月加入中国共产党，任中国工农红军独立第三师第七团文书。1933年任红三师十七军文书参谋。1934年任红十六师团部营长。1940年年初率队在湖北嘉鱼一带持续开展游击战，在一次遭遇战中与日寇激战直至牺牲。

9.一块桦树皮，珍藏六十多年的传家宝

——访抗日英雄杨靖宇之孙马继民

"我们五个孩子的名字当中都有一个'继'字，从大到小依次是：继光、继先、继传、继志、继民。意思是继承先辈的光荣传统，做无愧于杨靖宇将军后代的人。我娘常告诫我们，绝对不允许以抗日英雄后代为借口向组织提要求、捞好处。"

在抗日战争史上，东北抗日联军同日本侵略者进行了长达十几年的艰苦斗争。这支队伍的主要领导人之一杨靖宇是世人皆知的英雄，但烈士后人低调处世，鲜有人知道他们的状况。几经辗转，我联

杨靖宇之孙马继民

系上杨靖宇的孙子马继民。火车奔驰在麦浪翻滚的中原大地，见英雄后人的心情犹如这疾驰的火车。在郑州，我见到杨靖宇烈士的孙子马继民。

家风力量铸就"全国最美家庭"

马继民不但没有见过爷爷,也没看到过父亲。杨靖宇原名马尚德,河南驻马店确山县人。马继民住在郑州铁路局物资供应总段家属院里的一个普通单元房内。房子很小,五六十平方米,摆设简单,唯有客厅墙上的三幅照片引人关注:一幅是 2005 年 8 月 26 日,中央军委领导接见部分抗战英烈家属和英雄集体时的留影;还有一幅是 2009 年 9 月 14 日,中央领导同志接见为新中国成立作出贡献的英模人物、新中国成立以来感动中国人物家属座谈会时在人民大会堂的合影;第三幅是最近照的,90 多岁高龄的方秀云的全家福。方秀云是马继民的母亲,也是杨靖宇烈士唯一的儿媳。这张全家福是在方秀云的家庭荣获 2014 年"全国最美家庭"时照的。我和马继民交谈的话题,就从这张英烈后人荣膺"全国最美家庭"的照片开始。

"我们时刻保持着低调和艰苦奋斗的作风。有这

杨靖宇的孙子马
继民与母亲合影

么一样东西，凝聚着我们的家训家风。"说罢，马继民去里屋拿出了一个用红绸布裹着的物件，小心翼翼地打开，里面是块硬邦邦的桦树皮。"这是我爹从爷爷牺牲的地方带回来的。1958 年 2 月，我爹第一次去给爷爷扫墓。在墓前，爷爷的老战友送给他一块桦树皮，对他说：'你父亲当年就是吃这个和敌人打仗。'从此，这块桦树皮成了俺们马家的传家宝。"从 1953 年到如今，这块桦树皮在马家珍藏了六十多年。

据马继民讲，杨靖宇身后仅有一子一女。马从云是杨靖宇将军唯一的儿子，他和方秀云育有五个子女。新中国成立后，组织安排马从云到省委工作，而马从云却想在铁路系统当一名普通工人。自此，马从云开始了自己与火车打交道的人生。不幸的是，1964 年 8 月，马从云前往江苏镇江施工，同年病故，年仅 37 岁。马从云去世时，家里的孩子年龄都小，小儿子马继民才在母亲腹中三个月大，养家的重担一下子就全落在方秀云一个人身上。

"我娘当年唯一的想法就是把我们五个孩子拉扯大，让我们能上学、工作，成家立业。尽管孩子们的爷爷是著名的抗日英雄，但是不管遇到什么困难，我娘从来没想过要给国家给政府添麻烦。"马继民从小跟着母亲做手工活，糊过纸盒、缝过手套……在 20 世纪 50 年代建的 36 平方米的小平房里，方秀云带着孩子们一直住到 1998 年拆迁。

"我们五个孩子的名字当中都有一个'继'字，从大到小依次是：继光、继先、继传、继志、继民。意思是继承先辈的光荣传统，做无愧于杨靖宇将军后代的人。我娘常告诫我们，绝对不允许以抗日英雄后代为借口向组织提要求、捞好处。'爷爷是爷爷，你们是你们。不能张扬，低调做人。'"马继民说，"和别的家庭的孩子相比，我们从小就有着一种沉甸甸的历史责任感。"

杨靖宇的长孙马继光从小因病失聪，爱人王军是马继光在聋哑学校时的同学，现在都已退休。二孙子马继志，曾在解放军驻河南某部服役，并参加了对越自卫还击战，因战负伤，荣立过三等功一次。在部队服役期间，马继志从未提过自己的爷爷是杨靖宇，他认定一切都应该靠自己的努力获得。复员后，马继志被分配到郑州铁路局机务北段工作，职业是司机。马继先是杨靖宇的长孙女，第一批下乡知青，回城后在天津一所中专读书，毕业后被分配到郑州铁路局，后调入郑州铁路局职工技术学院基建科。她育有一子，因成绩优异，被保送到复旦大学读书，现赴美留学深造。二孙女马继传在 20 世纪 70 年代下乡到扶沟县，回城后被分到郑州铁路局工作。

祖孙两代情定白山黑水

马继民和他的两个哥哥两个姐姐一样，都是普通的铁路职工，但不同的是，他多了一份职务——"吉林省靖宇县县长助理"。靖宇县，是以杨靖宇的名字命名的，是将军曾经生活、战斗和以满腹棉絮树皮战至生命最后时刻的地方。说起这个职务，还有段曲折的故事。

2005 年 2 月 22 日，马继民应邀参加白山市举办的杨靖宇诞辰 100 周年、殉国 65 周年纪念大会。会议期间，马继民与白山市和靖宇县的有关领导交谈红色文化等问题。谈着谈着，一位领导同志突发灵感，目光炯炯地看着马继民，激动地说："继民可以过来嘛，帮助我们做做这方面的工作，那效果肯定不一样。"马继民笑笑，没有明确表态，只是说："回去考虑考虑再说。"他回到郑州后，靖宇县委、县政府有关领导又先后打了几次长途电话，一再表示让其出任靖宇县的"县长助理"，但这个县长助理只是个名分，不占编制。态度之诚恳，令马继民十分感动。他一时拿不准主意，决定和母亲商量。

为此，方秀云专门召集了一次家庭会议，对这个问题进行讨论。会上，家里有人提出，事是好事，可就怕是商业炒作。这种事过去有人搞过，我们都没有去。如果是商业行为，那我们就是给爷爷抹黑。爷爷的名声，素来被家人看作神圣的象征。数十年来，他们每当向前迈一步，都要做极其慎重的考虑。"我娘最后说：如果对方坚持邀请，我们就考虑考虑。但我们有一个大前提必须要坚持，那就是不要一分钱的工资，不要任何待遇，就是义务。"后来，靖宇县又专门请马继民去了趟县里，参加杨靖宇铜像落成典礼。而这次东北之行，直接促使马继民下定决心接受"县长助理"这个职务。

那天，典礼结束后，马继民从礼堂往外走，发现礼堂的大门被观众堵住了。原来，大家听说杨靖宇的孙子来了，非要见一面。这时，让他终生难忘的一幕出现了。两位年过七旬的老大娘相互搀扶着走了过来，一边走，一边说："孩子，让大娘看看你，让大娘看看你。"人们自动让出一条小路，老人来到马继民的跟前，一人拉住他的一只手，上下左右地打量他。半晌，一位老人说话了："杨将军有后哇，能看到杨将军的后人俺们死也无憾了啊！"在场的人都流下了眼泪，马继民更是热泪盈眶。

在去吉林的路上，马继民心情久久不能平静。靖宇县的一位领导对他说："继民呀，东北人对你爷爷的感情就是这样啊，你理解了吧！"

马继民办完了事，靖宇县的领导送他去火车站，准备赶回郑州。他们搭乘了一辆出租车，直奔通化站。在与出租车司机闲聊时，一位靖宇县的同志指着马继民，对出租司机说："你知道他是谁吗？"司机摇摇头。那位同志说："他就是杨靖宇的孙子呀！"司机非常惊讶，连忙刹车，说："老天爷呀！这是真的吗？让我好好看看。"看了半天，这才重新启动车，一边开，一边说："今儿行，今儿真行！回家要告诉咱老爸，让他也高兴高兴。"到了火车站，马继民要付钱，司机坚决不收。他竖起三根指头，说："杨靖宇的故事，我们家讲了三代了。吃草根、吞树皮，宁死不屈，就是跟小日本干。那才叫共产党，那才叫英雄好汉，白山黑水都记着哪！今儿个他孙子来了，我收车钱，那我还叫人吗？"临别，靖宇县的领导紧紧握着马继民的手说："继民哪，你都看见了，这就是老百姓的心哪！我们请你来，也是本着对老百姓负责的态度呀。靖宇是贫困县，我们深感对不起为这块土地牺牲的杨将军，对不起这里的人民。我们一方面要大力进行爱国主义教育，一方面要让老百姓赶快富起来……"马继民泪眼蒙眬。

回到郑州，马继民含着眼泪把这两件事和家里人讲了。全家人为东北人民的深情厚谊而感动。"老娘最后发话了：'我们不能拒绝人家，可以去。但是，还是那句话，不能要一分钱，不能提任何物质上的要求，就是奉献，就是服务。什么县长助理，咱就做个名誉职工。'"

传家宝代代相传

2005年7月7日，马继民从县委书记手中接过了靖宇县县长助理的聘任证书，自此成为一名没有编制、没有工资的名誉职工。"靖宇是我爷爷殉国的地方，靖宇和我有着特殊的亲情维系。我要努力工作回报大家，为靖宇的发展多作贡献，决不给爷爷抹黑，更不辜负父老乡亲对爷爷的深厚感情。"

高天之上，爷爷在注视着他和这块热土；冥冥之中，无数先烈在鼓励着他。

自此，马继民远赴他乡，吃在县委食堂，住在办公室里。从郑州离家时，娘把家里的"传家宝"——那块树皮交给他。夜深人静，马继民端量那块树皮，"爷爷为了革命的胜利，吃棉絮吃树皮的苦都能吃得下，我们现在有吃有住的，还有什么困难不能克服呢?!"上任后，马继民买了微型录音机，到爷爷领导的抗联第一军战斗过的地方进行调查走访，挖掘收集历史资料。他深感自己的高中文化难以胜任肩上的担子，便利用业余时间到党校函授班学习，丰富自己的知识，提高自己的能力。"来到靖宇县以后，我实实在在感到肩上的担子重了。抗联有那么多东西需要挖掘整理，抗联不是我爷爷一个人，他只是一个典型代表。抗联精神是成千上万的民族英雄创造的，我要宣传这种精神。"马继民说。

功夫不负有心人，十年过去了，马继民的坚持有了回报。吉林省靖宇县领导对马继民的工作有这样的评价："马继民同志受聘担任靖宇县县长助理以来，所担负的工作都办得非常出色，尤其是弘扬杨靖宇精神和东北抗联文化的收集、挖掘和整理，做得很好。"

光阴似箭。伟大的抗日民族英雄杨靖宇将军血沃白山，已经七十多年了，而他的后人，更是在几十年的风雨沧桑中磨砺、不断成长。身处和平年代，也许他们没有机会像杨靖宇将军那样驰骋疆场、报效祖国，但是，他们用自己勤勤恳恳、默默奉献的精神诠释着英雄之后的拳拳报国情怀。

马继民告诉我，他儿子马琪瑞是个军人，现在在解放军驻洛阳某部服役，儿媳王小芳是一家制药厂的普通工人。他们马家会把这块桦树皮传家宝一代代地传下去，警示后辈不能忘本，明白现在的幸福生活，是前辈吃着怎样的苦换回来的。

◎ 链接：杨靖宇将军小传

杨靖宇，1905 年 2 月 13 日出生于河南确山县。原名马尚德，又名顺德，杨靖宇是他的化名。1926 年加入中国共产主义青年团。1927 年 4 月参与领导确山农

民暴动，同年6月转入
中国共产党。大革命失
败后，组织确山起义，
任农民革命军总指挥。
1928年后，在河南、东
北等地从事秘密革命工
作。曾五次被捕入狱，
屡受酷刑，坚贞不屈。

杨靖宇

1931年九一八事
变后，他任中共哈尔滨
市委书记兼满洲省委军
委代理书记。1933年9
月，任东北人民革命军
第一军第一独立师师长
兼政治委员。1934年4
月，联合17支抗日武
装成立抗日联合军总指
挥部，任总指挥。后任
东北抗日联军第一军军
长兼政治委员、东北抗

杨靖宇（右）在
开封上学与同学
合影

日联军第一路军总司令兼政治委员。率部长期转战东
南满大地，威震东北，配合了全国的抗日战争。

1939年，在东南满地区秋冬季反"讨伐"作战
中，他指挥部队化整为零、分散游击。自己率警卫旅
转战于濛江一带，最后只身与敌周旋五昼夜。1940
年2月23日在吉林濛江三道崴子壮烈牺牲，时年35
岁。为纪念他，1946年，东北民主联军通化支队改
名为杨靖宇支队，濛江县改名为靖宇县。

10.学习父亲优秀品质，不迷失政治方向

——访袁国平独子、海军指挥学院袁振威教授

小时候，袁振威问母亲："同学们说我爸爸当大官，妈妈长征肯定骑马，是吗？"妈妈淡淡的一笑："爸爸的马上驮的是伤员，我是拽着马尾巴过的雪山，后来还有人批评我特殊化呢！"袁振威说，我父亲认为腐败就是从公私不分开始的，从占公家便宜开始的。因此，要防止腐败就要按中央的八项规定，人人都要严格要求自己，从公私分明做起。

袁振威在家中接受专访

20世纪上半叶的中国，风云激荡，无数仁人志士为争取民族独立和人民解放抛头颅、洒热血，树立起一座座巍峨的英雄丰碑。袁国平就是其中的一位杰出代表。从1925年10月考入黄埔军校第四期政治科，同年加入中国共产党以来，他的步履始终与党的发展历程紧密相连：参加北伐战争、南昌起义、广州起义，创建中央苏区，组建中央

红军主力部队，进行五次反"围剿"，开辟抗日根据地，高擎抗日救国的旗帜向苏南、皖中、皖东挺进……风起云涌的大革命史和土地革命史，特别是人民军队艰难创建的发展时期，都留下他坚定的足迹。他短暂而光辉的一生，为中国共产党领导的革命事业和人民军队的壮大作出不可磨灭的贡献。

1941 年 1 月，在"千古奇冤，江南一叶"的皖南事变中，袁国平壮烈牺牲，献出自己年轻的生命，时年 35 岁。此时，袁国平唯一的儿子袁振威不满两周岁。时光荏苒，沧海桑田，换了人间。腥风血雨年代出生的襁褓婴儿，如今已成为国内海军作战指挥学的领军人。七十多年来，带着"出生日便是离别时"的遗憾，袁振威一直追寻父亲的足迹。在漫漫求索中，父辈的形象逐渐明朗，一个政党得以不断壮大，一个国家得以日益昌盛富强的答案也愈发清晰。盛夏七月，我来到海军指挥学院，对袁振威进行了专访，聆听他与父辈的故事。

以殉道者精神为国家服务

——用 99 发子弹射向敌人，最后 1 发留给自己

袁振威 1939 年 5 月出生于皖南，因父母忙于抗日工作，出生 8 个月尚未断奶，就被送回湖南老家，这时，早在长征前就被送到外婆家的大姐，13 岁时给人做了童养媳；送回奶奶家的二姐，因无钱治病而夭折。奶奶因袁国平的牺牲而哭瞎了眼睛。幼年时的袁振威一度牵着双目失明的奶奶上街讨饭度日。

1955 年，袁振威
与母亲邱一涵在
父亲墓前

"置身于革命事业的父亲，是以牺牲自己的一切为代价的，他曾经给家人写信提到，'此刻我自己身无分文，无法帮助家里，因为我们是以殉道者的精神为革命、为国家、为民族服务的'。"

袁振威告诉我，他父亲出生在湖南邵东县一个贫苦人家，凭着自己的聪慧和勤奋，依靠奖学金读完小学，并以优异成绩考入湖南第一师范学校。受一师的革命氛围熏陶，在毛泽东、田汉等人的影响下，袁国平很快树立了正确的人生观。

袁振威拿出一张泛黄的照片，照片上的袁国平骑着高头大马，英姿飒爽。1927 年 4 月，北伐战争后期，蒋介石发动反革命政变。"这是父亲在整装待发之际，给奶奶寄的一张照片。背面父亲写了这样一段话——'此行也，愿拼热血头颅，战死沙场，以搏（博）一快，他日，儿若成仁取义，以此照为死别纪念；万一凯旋生还，异日与阿母重逢，再睹此像，再谈此语，其快乐更当何如耶!'生也是快，死也是快，这就是父亲的生死观。"这种为革命事业不惜抛头颅、洒热血的生死观，铸就了永垂不朽的革命信仰。

1938 年，袁国平调任新四军政治部主任，是新四军领导成员之一。1941 年 1月，新四军军部在北

袁国平骑马照

移中遭受国民党顽固派的重兵包围。蒋介石一手策划了皖南事变。袁国平与叶挺、项英一同指挥部队奋起抵抗，在突围中，身负重伤。"当父亲被战士们发现时，浑身血肉模糊，已经不能行走。战士们想要背着他走，父亲睁开眼睛，吃力地说，你们走你们的，不要管我了！但战士们不肯把他丢下，就用树枝扎了副担架，抬着他走。在艰难的行军路上，他们的行踪被敌人发现，密集的子弹飞来，抬担架的战士一个个倒下，后面的战士又冲上来把父亲抬起，一百多人的队伍只剩下三四十人了。在此情景下，父亲挣扎着起身，把一个笔记本和七块大洋交给战士，断断续续地说，你们赶快突围，多突围出去一个，就多为革命保留一颗火种。记住，胜利一定是我们的……并指着七块大洋说，这是党费……说完，乘战士不备，父亲悄悄摸出手枪，对准自己的太阳穴扣动了扳机。"

"这意外的情况把大家震惊了。战士们还清楚地

记得，就在几天前，面对国民党顽固派的重兵'围剿'，父亲对部队作了战斗动员：'如果我们有100发子弹，要用99发射向敌人，最后1发留给自己，决不当俘虏。'"时年35岁的袁国平，不愿连累战友，举枪自戕，实现了自己的阵前誓言。

"父亲的牺牲，全军上下都为之惋惜。后来，父亲的战友们把对我父亲的怀念之情都倾注在对我的关爱上。他们不仅在生活上关心我，更是用父亲的优秀品质和事迹教育我，为我指点成长的方向。朱德伯伯曾对康克清妈妈说，'小袁也是我们的孩子，叫他来北京，我们管起来！'周恩来伯伯教导我，要学习你父亲的优秀品质，不要迷失政治方向。"

历史不仅是营养剂，更是教科书

——老木匠祖坟地里埋忠骨

袁国平壮烈牺牲后，卫士连副连长李甫把袁国平的遗体交给当地游击队的负责人刘奎，随后便继续突围。李甫他们离开后，刘奎找到当地的一个老木匠，告诉他这是新四军政治部主任袁国平，并对老木匠说："我就把他交给你了，请你把他藏好，千万别让人知道，我们一定会回来的！"老人点头答应。后来，老人临终的时候，才交代老伴说，祖坟地里埋葬着袁国平，等新四军回来一定要把他交给部队。就这样，老太太每年清明都去上坟，直到1949年解放军打到芜湖，老太太才让她的儿子去打听一下解放军是不是当年的新四军。她的儿子通过芜湖方面找到部队，并与刘奎取得了联系。

讲到这里，袁振威抑制不住内心的激动，他说："每当我想起当年老乡冒着生命危险掩藏父亲遗体的事迹时，心里总是久久不能平静。这军民鱼水之情，正是新四军的胜利之本，它使我终生难忘。我父亲给我起的乳名是皖南，就是要我记住皖南、记住皖南人民，记住皖南人民的大恩大德。"

袁振威的母亲邱一涵也是一位值得敬仰的共产主义战士，她是红军中为数不多的走完长征路的女战士之一，旧时代出生的邱一涵绑过小脚，中央军委原副主席张震曾对袁振威说："我和你母亲很熟悉，长征中我们就常见面。她拖着一双裹过小脚的脚、一个受过伤的身躯，和男同志一样爬雪山、过草地，一步一趋，走完了二万五千里长征，这是多么不容易。"有一次，袁振威傻乎乎地问母亲："同学们说我爸爸当大官，妈妈长征肯定骑马，是吗？"妈妈淡淡的一笑："爸爸的马上驮的是伤员，我是拽着马尾巴过的雪山，后来还有人批评我特殊化呢！"

袁振威说，我父亲认为密切联系群众，是中国共产党及其领导的军队进行反腐倡廉工作的根本出发点。只有处处为群众着想，严格遵守纪律，才能联系群众，才能保持共产党人的本色，保持党和军队的纯洁。1939 年春，我母亲怀我已五六个月，而到十几里外的军部开会却和大家一样步行。罗炳辉的夫人张明秀阿姨对我说："我问你爸爸，你的马为什么不能给她骑？你爸爸回答是：'马不是配给她的。'"袁振威感慨地说："我父亲认为腐败就是从公私不分开始的，从占公家便宜开始的。因此，要防止腐败就要按中央的八项规定，人人都要严格要求自己，从公私分明做起。"

"父亲生前给我的堂兄袁振鹏的信中曾写道：'或许有人要说我们是太不聪明了，然而世界上应该有一些像我们这样不聪明的人。'"民族独立、人民解放靠的正是这些从不计较个人得失、将生死和一己私利置之度外的人。"现在，我们国家在民族复兴的伟大征程中，中国梦是一个实实在在的目标。实现这个目标，还有许多艰难险阻需要克服。就需要像父辈那样愿为实现中国梦不惜牺牲一切那种'不聪明'的人，那种愿为人民吃苦、愿为理想献身的'傻子'。"

1956年，共同生活了十年时光的母亲积劳成疾。辞世前，她留给袁振威两句话：一是不要将父亲的功劳记在自己的账簿上；二是尽量摆脱社会给予的一切优越条件，依靠自己去生活。1986年，袁振威从国防大学毕业，被分配至海军指挥学院任教。虽不能擂鼓上前线，但他潜心躬身育英才，近三十年时间，默默耕耘，为国防建设培养输送了一批批高素质的海军作战指挥人才。多少年来，他在自己的岗位埋头苦干、默默奉献，他是海院有名的"傻子"。很多人问他，老那么拼命工作图啥？他回答：父母的经历告诉我，人的价值不在寿命长短，而在对社会贡献的大小。人生十分短暂，我们应珍惜每一寸光阴，多做一点于事业、于社会有益的事情，不枉此生。

生命线的宝贵传统不能丢

——袁国平马背上打腹稿，下马即挥毫成文

在近二十年的革命生涯中，袁国平绝大部分时间从事军队思想政治工作，表现了坚定的革命性和卓越的组织领导才能。在红三军团占领长沙的第二天，他就创办了《红军日报》，这是我军第一份铅印大报，史称"红军第一报"。陈毅元帅曾对袁振威说："你爸爸才华横溢，是新四军的三大才子之一。红军时期就经常编写剧本，创作歌曲、诗词，他常常骑在马上打腹稿，下马就是一篇好文章；在长征中，只有他用原韵和了毛主席的长征诗；在新四军他主持创作了新四军军歌，还创作了'别了，三年的皖南'的东进歌，创办了《抗敌报》《抗敌》杂志和《抗敌画报》，写了很多好文章。"

1954 年，袁振威与母亲邱一涵在上海淮海路招待所

袁振威带着儿孙到父亲墓前祭奠

"我父亲革命生涯的几乎所有的时间都在从事政治工作。"袁振威回忆说，刘伯承元帅曾对我说："你父亲了不起！他是很优秀的政治工作领导者和红军著名的理论家，既有远见卓识，又能身体力行。不仅学员、干部喜欢，毛主席对他也很欣赏。""父亲离开延安前，毛泽东专门约见他，亲切交谈，同他长谈了数个小时。毛泽东说，新四军处在敌伪夹缝中，政治工作既要保持、继承红军的优良传统，又要考虑统一战线环境下的特殊性和重要性。此后毛泽东专门致电项英，特别指出：'袁政治开展，经验亦多。'"袁振威语重心长地对我说："在我们党领导的革命战争的各个时期，思想政治工作都发挥了巨大的作用。在新的历史时期，思想政治工作只能加强不能弱化，生命线的宝贵传统不能丢！"

◎ 袁振威履历

袁振威，1939 年 5 月出生，中共党员。毕业于哈尔滨军事工程学院和国防大学，长期在海军装备系统工作，曾参加援越抗美机动作战。1986 年后，从教于海军指挥学院，任学院专家组成员、作战指挥教研室主任、教授、博士生导师、作战指挥学科带头人；全军指挥自动化专家委员会委员、全军科技进步奖评审委员会委员、全军"2110"工程专家、海军"十佳"优秀教员。

◎ 链接：战死沙场以博一快

——袁国平写给母亲的信

　　袁国平是新四军的重要将领，是中国共产党最早从事军队政治工作的领导人之一。1927 年 5 月 21 日，许克祥发动马日事变，反动军阀夏斗寅在鄂西急欲谋袭武汉。正在叶挺领导的国民革命军第十一军政治部工作的袁国平，奉命开赴鄂西，抗御强敌。整装待发之际，他给母亲寄去一张相片，并在背面写下这封信。

亲爱的母亲：

　　一九二七年五月顷，反革命谋袭武汉，形势岌岌，革命志士，莫不愤恨填膺，舍身赴敌。

　　斯时，余在第十一军政治部服务，也奉命出发鄂西，抗御强寇，此行也，愿拼热血头颅，战死沙场，以搏（博）一快，他日，儿若成仁取义，以此照为死别之纪念；万一凯旋生还，异日与阿母重逢，再睹此像，再谈此语，其快乐更当何如耶！

儿醉涵于武昌左旗整装待发之际

1927 年 5 月 25 日

这封信短小精悍，处处洋溢着保家卫国、战死沙场的革命豪情。面对岌岌可危的大革命形势，袁国平没有胆怯、退缩，而是以更加激昂的战斗热情奔赴战场。他对母亲说，"此行也，愿拼热血头颅，战死沙场，以博一快"，充分表现了革命者的英勇豪迈和视死如归的品质。

后来，袁国平还给哥哥写了封信。他对哥哥说："到处都是白色恐怖，断头横身，为革命者之家常便饭。"大革命失败后，袁国平奉命参加了南昌起义和广州起义。此后，他始终战斗在对敌斗争的最前线。

◎ 袁国平档案

袁国平，汉族，1906年5月生，中共党员，湖南宝庆人。简要经历：1925年考入黄埔军校，同年年底加入中国共产党。1926年7月任国民革命军左翼宣传队第四队队长。1927年广州起义失败后，他主持改编濒临溃散的起义军余部，创建了工农革命军第四师，任党代表。1928年年底任中共湘鄂赣特委常委兼宣传部长、代理书记。后任红五军政治部主任。1930年6月任红三军团政治部主任。同年8月兼任红八军政委。1933年任红军总政治部副主任、红一方面军政治部代主任。1934年被选为中华苏维埃共和国中央执行委员，曾荣获中革军委颁发的二等红星奖章。长征到陕北后，先后任西北红军大学政治委员、西北军事委员会后方办事处政治部主任、抗日红军大学政治部主任兼第三科（后称附属步兵学校，又称教导师）政治委员、校长兼政治委员，1937 年 8 月任中共陇东特委书记兼八路驻陇东办事处主任。1938 年 1 月任新四军政治部主任、中

袁国平

共中央东南分局（东南局）委员、中共中央军委新四军分会委员。1941 年 1 月在皖南事变的突围中牺牲。

11. 仰望太行

——怀念左权将军

1982 年，病重的刘志兰将珍藏一生的书信交给了左太北。在这之前，左太北不知道父亲给母亲写了这么多信。"多少次我泪流满面地看着这些信，多少回我睡梦中高兴地看到了父亲。捧读这些书信，我才知道我有了父亲，一个那么爱我的父亲。"

1984 年 8 月，左太北与子女在山西省左权县麻田村十字岭左权殉难处

背倚太行，面朝清漳。在邯郸涉县石门村莲花山脚下，有一片松柏苍翠的净土，这是左权将军安息的地方。1942 年 5 月，日军对晋东南根据地发动空前残酷的"大扫荡"，妄图合击消灭八路军总部。时任八路军副总参谋长的左权，为保护北方局、保护八路军总部机关，在前线指挥作战，不幸中弹，血洒太行，长眠于此。

时光流逝，将军逝世至今已有七十多个年头。神州沉沦的时代早已一去不复返，浸染将军鲜血的土地也日益丰厚肥沃，彼时的炮火横飞、山川贫瘠变成而今的松柏成林、麦浪荡漾。太行老区的人民在这里春耕，在这里收获，也在这里守护将军的忠骨。

2013 年 4 月，谷雨，我前往邯郸涉县采访。涉县文物局程俊芳同志为我讲述了许多将军在太行山区鲜为人知的故事。我抵达左权墓时，恰逢乌云密布，雨雪交加，细密的冰雨穿过苍翠松柏，落在脸上，竟好似无数针尖刺入心头；也好似根根笔尖刺入土地，在清漳河畔写下将军驰骋不歇的戎马生涯。

"人民是水，我们是鱼，
水多了，鱼也活跃了"

左权将军 1925 年参加中国共产党，先后在苏联莫斯科中山大学、伏龙芝军事学院学习军事理论。1930 年归国即奔赴江西根据地，开始了一生硝烟弥漫的革命军旅生涯。

历史空前的长征中，左权将军翻越重重峻岭，渡过了金沙江的怒涛，彝地做先锋，扫荡了敌人盘踞的大渡河畔；茫茫的藏区草原里，他行卧在那千万年生长的沼泽地里，直到数日偶遇森林，用松枝柏叶扎营在黄河、长江的分水岭上；战斗在三边沙漠之地，他作息在不能伸膝的土炕上，烧着羊粪以御塞外严寒……在任何残酷的场合，都不曾见将军有过畏缩；在任何困难的境地，亦不曾见将军低过头！

位于河北邯郸的晋冀鲁豫抗日殉国烈士公墓的左权墓

1937年8月，红军主力改编为八路军，左权将军随朱德、彭德怀奔赴华北抗日前线，挺进太行。从此，将军清瘦结实的身影与巍巍太行融在了一起。

日寇"扫荡""蚕食""封锁"……如黑云滚滚而来，又加上灾荒，根据地在太行驻扎的日子非常艰苦，饥饿猛烈袭击着官兵。然而，哪怕处在极艰苦的战斗中，将军也命令部属："不允许任何人在老百姓的树下拾一个柿子、一个核桃。"严寒的日子，官兵鼻子冻得通红，将军同样下命令："不准任何人烧掉老百姓一根草、一根柴。"不过，八路军的战士，和人民在一起，是永远不会受冻、挨饿的。饥饿的时候，老百姓的柿子、核桃、果子、窝窝、鸡蛋……他们的一切，都会像分给自己的子弟一样，分给战士。宁愿自己吃不饱，老百姓也不愿战士饿着；冷了吗，老百姓会烧起火来，让战士烤得脸红红的。

1938年初春的一个上午，八路军总部召集连以上的干部在大庙里开会。将军穿着和普通战士一样的棉衣，已经褪色，打着绑腿，扎着皮带，腰间挂着左轮，精神旺盛、声音洪亮地演讲。将军语重心长地说："现在我们还有衣穿、有饭吃，有弹药去消灭敌人，这是老百姓发给我们的。但是，老百姓也很穷，一件衣服、一粒小米、一颗子弹来得都不容易！"将军在演讲中勉励官兵要进行节约，要减轻人民负担，"以最小的代价，获得最大的胜利！"

左权将军根据老百姓的经验——太行山每隔30年会有一次大旱。驻军在太行山生活战斗期间，离上次大旱恰好30年，他据此认为，可能有一次大旱。将军说："假如大旱真的来了，怎么办？我们八路军有两条腿，跑掉是容易的，但老百姓呢？老百姓跑不开啊！我们能丢掉老百姓而跑掉吗？不成！一定要预先估计到，预先想好办法……"

将军想到在清漳河畔开垦土地，一来开几道水渠，把现有河水引进来；二来在河畔开垦土地，可以种上作物。将军领着大家一起干，晶莹的汗水汇入清漳水，流进岸边的泥土里。这次垦荒，官兵共开垦出了数百亩的土地，种上了各种作物。成片的瓜菜长得绿油油时，根据地开了垦荒胜利联欢会，将军兴致勃勃从人群中站起来，走上台，用洪亮的声音说："日本侵略者想把我们困死在太行山上，可是八路军神通广大，把荒滩荒山荒洼洼，都变成了宝地，群众也开展了生产运动。人民是水，我们是鱼，水多了，鱼也活跃了。抗战，抗它个十年八年，只要日本侵略者愿意，我们奉陪……"

然而，将军没能跟敌人抗争个"十年八年"。1942年5月25日，十字岭上日军罪恶的炮弹，夺走了他的生命。将军的壮烈牺牲，震动了整个华北大地。太行为之低头致哀，漳河为之呜咽哭泣。

"我牺牲了我的一切幸福为我的事业来奋斗，请你相信这一道路是光明的，伟大的"

左权将军是 1905 年生人，1924 年入黄埔军校第一期，自此背井离乡为革命需要而辗转奔波。直至 1939 年春天，由朱德说媒，与刘志兰认识，并于 4 月 16 日在山西省五台县潞城北村的八路军总部结婚。34 岁，将军有了属于自己的小家庭。然而，在前线指挥作战的将军无暇享受婚姻生活的甜蜜。

1939 年 7 月，八路军总部从潞城北村迁至武乡县，先后落脚在砖壁、王家峪。这期间，将军指挥部队开展了磁县、武安、涉县、林县战役，歼敌万余人，巩固了抗日根据地。

1940 年，将军又配合彭德怀指挥八路军 105 个团在华北敌后全线出击，发起历时三个半月的"百团大战"。这场中国抗日战争史上大规模的战役，毙伤日军两万多人，沉重打击了日军进攻。

就在这时，将军唯一的女儿出生了，将军为女儿取名"太北"，并视她为小天使、小宝贝，唤她乳名为"北北"。妻女在身边的日子，将军是幸福的，他学着给襁褓中的女儿喂奶、换尿布。在妻子刘志兰撰写的回忆录中，曾提到"这几个月，是他人生中最短暂的幸福时光"。

八路军总部时常因战事需要进行转移，考虑到妻女在转移中有诸多不便，将军决定将母女俩送回延安。1940 年 8 月，将军送别在一起仅仅生活了三个月的妻女，行前将军专门请人为他们仨照了一张全家福，这也是将军唯一的一张全家福。

从那以后，只要有人赴延安，将军总要给妻子捎上一封信，带点衣物和食品药片之类的东西，以表对妻女的关爱之情。从 1940 年 8 月到 1942 年 5 月将军牺牲的前三日为止，在 21 个月的时间里，将军共给刘志兰写去 12 封家书，写尽他对妻女的思念。

"……特别是花园很漂亮，桃李梨等已结果实了。牡丹花开得很漂亮，不久才完了。现在芍药花与月季花正在开着，比牡丹还漂亮。满院的香味比去年的花好多了。我本来不爱这些的，现在也觉得很好，有些爱花的心理。在我那张看花的照片上你可以看到一些，你看好不好？你爱不爱？来吧，有花看还有果子吃呢！还有一条碧绿的水流着，真是太幸福了……"

将军爱兰花，因为一看到兰花就想到妻子，妻子名中也带一个"兰"字。几次写信提到花时，将军都会跟上一句，"可惜就是缺'兰'，而兰花是我所最喜欢、最爱的……"

后来，将军不幸牺牲沙场。这对妻子刘志兰打击很大，仅仅一年多的共同生活成为她永远的思念。她撰写文章怀念丈夫："虽几次传来你遇难的消息，但我不愿去相信，切望着你仍然驰骋于太行山际，并愿以二十年的生命换得你的生存；或许是重伤归来，不管带着怎样残缺的肢体，我将尽全力看护你，以你的残缺为光荣。这虔诚的期望终于成为绝望……"

在民族危亡的时刻，将军考虑更多的是中国老百姓的幸福和安宁，他深知，只有国家独立才有家庭幸福，他在书信中写道："我牺牲了我的一切幸福为我的事业来奋斗，请你相信这一道路是光明的，伟大的。"

将军之女追忆父爱如山

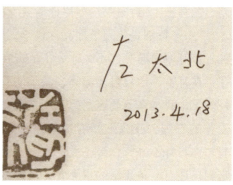

左太北为父亲写
的书及签名

将军的独女左太北，现与一双儿女住在北京。2014 年 4 月 18 日，左老受邀接受了我的专访。有很长一段童年时光，左太北是借住在彭德怀家里的。通过彭德怀的回忆，她得知那枚夺走父亲生命的炮弹是完全可以躲开的，因为常在前线打仗的人都知道，敌人打的第一颗炮弹是试探性的，第二颗炮弹准会跟上来，躲避一下完全来得及。但当时的十字岭正集合着无数同志和马匹，"父亲不可能丢下部队，自己先冲出去。父亲是死于自己的职守，死于自己的岗位，死于对革命事业的无限忠诚！"

"这些年来，每当我在生活、学习和工作中遇到困难，只要想想父亲在频繁战斗的环境里，仍然刻苦学习、不知疲倦工作和英勇沉着地指挥作战，我就有了克服困难的信心与力量。"

1965年，左太北从哈军工毕业，先后在国家经委、国家计委、航空航天部工作，服从祖国国防工业建设的需要，一直默默奉献在自己的工作岗位上。

1982年，病重的刘志兰将珍藏一生的书信交给了左太北。在这之前，左太北不知道父亲给母亲写了这么多信。"多少次我泪流满面地看着这些信，多少回我睡梦中高兴地看到了父亲。捧读这些书信，我才知道我有了父亲，一个那么爱我的父亲。"

"父亲的每一封信都问到我的情况。他说：'差不多几天，太北就一岁了，这个小宝贝小天使我真喜欢她。真是给我极多的想念与高兴……''在闲游与独坐中，有时总仿佛有你及太北与我坐在一块玩着、谈着，特别是北北，非常顽皮，一时在地上，一时爬到妈妈怀里，又由妈妈怀里转到爸爸怀里来闹个不休，真是快乐……'"

"真是河深海深，比不过父母亲的恩情深！"左太北将父亲的这些书信，视为一生最珍贵的宝物。她认为，家书是时代的声音，是一个时代最真实的反映。"父亲的这些信穿过历史的风雨烟云，字里行间充满了对日本侵略军罪行的控诉和对革命事业必胜的信念。"

"父亲的家书，对于弘扬民族精神和革命精神，形成良好的社会道德风尚，促进祖国现代化建设，是有意义的。"抱着这样的想法，1992年，左太北请解放军出版社将信汇编成书，公之于众，使这些家书成为社会共同的精神财富。"这也算'不忘历史，展望未来'吧……"

伴随百团大战的炮火降生，左太北如今已逾古稀之年，她每年春天都会到太行山走一走，去十字岭，去莲花山。在薄如轻纱的白云萦绕着的青山峻岭中，她总会对着群山呼喊一声："爸爸，我来看您了！"

◎ **链接：我俩的心紧紧地靠拢在一起**

——左权写给妻子刘志兰的信

左权是八路军的高级将领，他的妻子刘志兰是北京人，与彭德怀的夫人浦安修是北平师范大学女子附属中学的同学和好友，是一二·九运动的积极分子，刘志兰人也长得很漂亮，被朱德赞为"女同志中的佼佼者"。经朱德和康克清做媒，1939年4月16日，左权与刘志兰在山西省五台县潞城北村结婚。左权极为珍惜自己的婚姻，对妻子极为呵护。刘志兰自幼丧

父，家里又是女孩多，在她眼里，左权不单是自己的丈夫，还是兄长、老师。

下面这封信写于 1941 年 5 月 20 日，是左权接到妻子的来信后写的回信。

关于共同生活上的一些问题，你感到有些相异之处，有些是事实。部队生活有些枯燥，加上我素性沉默好静，不爱多言，也不长言说，文字拙劣，真诚热情不善表露，一切伪装做作更作不出来，也不是我所愿，对人只有一片直平坦白的真诚，你当能了解。看到共同生活中这些之处而作适当的调剂，使之在生活上更加接近与充实，也有其意义的，我总觉得这只是次要的问题。如果把问题提到原则一些，共同生活更久一些多习惯一些，那一切也就没问题了。志兰，你认为如何？对不对？

我同意你回延主要的是为了你的学习，因为在我们结婚起你就不断地提起想回延学习的问题。生太北后因小孩关系看到你不能很好的工作又不能更多的学习，以为回延后能迅速的处理小孩，能迅速的进校读书，当然是很好的。所以就毫不犹豫同意了你的提议。其实在你未提出回延问题以前我已有念头了。你走后有人说左权是个傻子，把老婆送到延安去。因他们不了解同意你回延主要的是为了你的学习，我也就不去理会他。而今你亦似不解似的，以"讨厌"等见责，给我难以理解了。我想你的这种了解是不应该的。

志兰！亲爱的，你走后我常感生活孤单，常望着有安慰的人在，你当同感。常有同志对我说把刘志兰接回来吧。我也很同意这些同志的好意，有时竟想提议你能早些返前方，但一念及你求知欲之高，向上心之强，总想求进步，这是每个共产党员应有的态度。为不延误你这些，又不得不把我的望之切念之殷情打消忍耐着。

托人买了两套热天的小衣服给太北还没送来，冬天衣服做好后送你，红毛线裤去冬托人打过了一次寄你。如太北的衣服够穿，你可留用，随你处理，我的问题容易解决。另寄呢衣一件、军衣一件、裤两条及几件日用品统希必用，牛奶饼干七盒是自造的，还很好，另法币廿元，这是最近翻译了一点东西的稿费，希留用。

照片几张，均是最近照的，一并寄你，希安好。

不多写了，时刻望你的信。

祝你快乐，努力学习。

你的时刻想念着的人，太北的爸爸
五月廿晚

◎ **左权档案**

左权，汉族，1905 年出生，湖南醴陵人。1924年 3 月就读于广东湘军讲武学堂，同年 11 月转入黄埔军校第一期。1925 年 2 月加入中国共产党。1930年任中国工农红军军官学校教官、闽西工农革命委员会常委。1931 年任红一方面军总司令部作战参谋、

红五军团十五军政委兼军长。1933年任中央军委作
战局参谋、红一军团参谋长。1936年任红一军团代
军团长。1937年任八路军副参谋长。1942年6月牺牲。

12.一朵"傻"云

——记"刘老庄连"指导员李云鹏的妹妹李爱云

李爱云家里最贵重的东西就是一个大皮箱。这个皮箱里，装满了李爱云平时用心收集的一些关于刘老庄82烈士英雄事迹的报刊文章。当然，最珍贵的还是大哥在1941年和1943年分别发给父母的两封家书。现在，这两封信已成为革命文物，收藏在县档案馆内。

李云鹏的妹妹李爱云在家中翻开哥哥照片

"刘老庄战斗，是哥哥和81名战友用鲜血和生命谱写的悲壮战歌。我会一直在这片土地上，永远为大哥和他的战友守灵，陪着他们一辈子！"望着林木葱茏的烈士陵园，70岁的李爱云佝偻着背，清理着四周杂草，嘴里念念有词："哥哥们，我又来看你们了。"

哥哥，就是于 1943 年 3 月 18 日为国捐躯的"刘老庄连"指导员李云鹏。妹妹，就是 1969 年怀着对英雄哥哥的无比敬仰之情，只身从老家徐州来到刘老庄插队落户，后一直扎根在淮阴大地的李爱云。期间，组织为了照顾她，推荐她到南京军区参军、到复旦大学生物系

李云鹏

学习，但她都婉拒了。不理解她的人说她"傻"，但她淡淡一笑，不改初心。爱云，正是敬爱大哥云鹏之意。

时值抗战胜利 70 周年之际，我踏上淮阴这块用烈士鲜血染红的土地，采访了被习近平总书记称为"中国人民不畏强暴、英勇抗争的杰出代表"的"刘老庄连"原指导员李云鹏的妹妹李爱云。

一说起刘老庄 82 烈士，一聊起大哥李云鹏，刚从医院做完胃部手术的李爱云一下子就健谈起来。她回忆道，李云鹏原名李亚光，父亲李梦祥是名小学教员，重视对子女的教育，大哥才有机会一直读到高小。20 世纪 30 年代，正值战事紧张，作为当地小有名气的知识分子，李云鹏的父亲李梦祥常在家中忧叹国难，耳濡目染间，年幼的李云鹏树立了"天下兴亡，匹夫有责"的报国志向。

李爱云家中兄妹六个，她排行最小。李云鹏牺牲时，李爱云还没有出生。"我大哥是父亲一生中最大

的骄傲，也是我一生中最大的骄傲。"小时候，李爱云最幸福的时光，就是晚饭后听父亲讲大哥的故事。"父亲告诉我，大哥自幼聪明灵气，能自己制作土枪，常和伙伴们拿着自制的土枪练习枪法。他挂在嘴边的一句话就是：我们的枪要对准日本鬼子！每每听父亲讲到哥哥牺牲时候的惨烈，我就会情不自禁地流下眼泪。"在李爱云小时住的旧宅里，房梁上挂着一只风筝，那是大哥小时候亲手扎的。幼小的爱云经常仰望风筝，恍惚间，风筝好似飞向高空。"我总以为那是哥哥用无言的方式告诉我，要立志高远。"尽管从未见过大哥，但李爱云却是听着大哥的故事长大的。大哥的志向，也成为她一生痴痴的追寻。

1938 年徐州沦陷，有志人士高喊抗日救亡的口号。李云鹏和同学一起前往离家 8 公里外的丰县华山镇，参加了地下抗日组织。1939 年，八路军的苏鲁豫支队路过沛县，要扩军，李云鹏自告奋勇参了军。"大哥是 1939 年正月十九正式参军，穿上军装的他意气风发。那天父亲跑了好远去送他，可谁会想到那是他与大哥的最后一面！"说到这里，李爱云不觉落下了热泪。

李云鹏离家 4 年，家里亲人一直惦记着。期间听说他被选送到延安学习，后来又听说他到了新四军三师七旅十九团一个连队当兵。

"在刘老庄战斗前，他曾给家里寄过两封信。这成为家里亲人唯一的回忆。"李爱云家里最贵重的东西就是一个大皮箱。这个皮箱里，装满了李爱云平时用心收集的一些关于刘老庄 82 烈士英雄事迹的报刊文章。当然，最珍贵的还是大哥在 1941 年和 1943 年分别发给父母的两封家书。现在，这两封信已成为革命文物，收藏在县档案馆内。不过，李爱云还是把信封原件留了下来，作为对哥哥的永久的怀念。李爱云说，自打父亲收到这两封信后，大哥便杳无音讯；直到第二年，同在部队的表叔孙一涛寄来一封家书，告知父亲，大哥已经牺牲。

李云鹏牺牲后一直不知道具体被埋在哪，想去那个地方看望都不能。这个悲痛，全家一痛就是20年。"那是1963年，我们全家人从中央人民广播电台中收听纪念刘老庄战斗20周年的文章，才知道云鹏大哥牺牲的准确地点和时间。"李爱云对当时的印象非常深刻。

"听到这个消息后，父亲很激动，急切地出发了，第一次来到刘老庄82烈士墓前。"那是儿子1939年离开家后第一次父子"重逢"，这时已经过了25年了。刘老庄是江苏省淮阴县（现改区）的一个乡，交通很不方便。李爱云告诉记者，他父亲是从徐州坐火车到淮阴，再坐一天只发一趟的公交车才能到乡上。"父亲已经七十多岁，凌晨出发深夜才到乡上。父亲晕车吃不下饭，去一趟特别辛苦"，但他父亲每年都会在3月18日烈士牺牲日到刘老庄为82烈士扫墓祭奠，直到去世，从未间断。

父亲常说："这么长时间了，那里的老百姓都自愿戴上白花从四面八方来到你大哥他们墓地祭奠扫墓。他们把你哥哥当亲人待。"

到刘老庄去悼念大哥，是李爱云早有的想法。但家里不富裕，只能负担父亲一个人的路费。直到1967年3月18日，李爱云的心愿才得以实现。走到墓前，李爱云情不自禁跪倒在地，抚摸大哥的遗像，仿佛是失散多年的大哥回到她的身旁。她放声痛哭，尽情倾诉着对大哥的思念之情。

那天，也是李爱云命运的转折点。她的心，像立刻长出了根，深深扎进大哥血染的这片土地。从刘老庄回到家后，她就萌生了到那里工作的想法。1969年，正是知识青年上山下乡的年代，李爱云是"老三届"，她想去刘老庄插队。"我的想法很简单，就想离哥哥们近一些。"起初，母亲因为离家太远不同意她去。后来，她找来在部队当兵的三哥一起说服了母亲。1969年7月，离别了家中父母，20岁刚出头的李爱云插队落户到了淮阴。送别之时，父亲语重心长地对她交代："要记住，你大哥的战友也是你的哥哥，到了刘老庄后要常去看他们，不要忘记他们。"李爱云记住了父亲的交代。自此，每年的清明和"刘老庄连"烈士牺牲的祭日，她都会去扫墓祭奠。

李爱云一家人为"刘老庄连"烈士扫墓

刚到淮阴，李爱云按照当时淮阴县委的安排，被分配到刘老庄大队一队插队当农民。此时，淮阴正在实施旱改水。李爱云白天和大伙一起劳动，手推肩挑样样不落后。到了晚上，作为大队民兵营副营长，她还要带领民兵进行训练，有

时一练就到深夜。当时的劳动真苦，但她没叫一声苦，没喊一声累，用她的话说："哥哥在这儿牺牲生命都不怕，我吃点苦又算得了什么？"她戴着近视镜，清秀瘦弱，但干起活来却很拼命。渐渐地，村里的乡亲们喜欢上了这个城里来的小姑娘。乡亲们怜惜她，会朝她喊一声："傻姑娘别累着！"说起这段，李爱云竟开心地笑了起来，"那时很艰苦，但心里根本没觉得苦，可能是因为我太爱这个地方了！"

在刘老庄插队不到半年，南京军区（2016年2月，七大军区调整为五大战区，南京军区随之裁撤）政治部给她下了封调令，让她去淮阴县人武部报到参军。面对这个调令，李爱云心里打起了鼓：当兵是她自幼的梦想，如果去，就可以如愿以偿，但她又想，如果她去了，那就是沾了哥哥的光，别人会说李爱云是拿哥哥当跳板，这样做，对不起长眠在这片土地上的哥哥。想到这里，李爱云放弃了这次机会。第二年，组织又安排李爱云到复旦大学上学，但她又一次拒绝了，把这个宝贵的学习机会让给了看守烈士陵园的工人的子女。1971年，家乡徐州招她回市区工作，又被她推辞了。这次，老乡们看不过去，动员她离开这里，老乡们不忍心一个知识青年在农村吃一辈子苦。但李爱云坚持了自己的决定，不理解她的老乡们说她"傻"，但她的想法很简单，"来到刘老庄我就没想过离开，不能因为条件苦就半途而废。如果人人都选择绕开了苦，那就不会有人得到甜，既然我是李云鹏的妹妹，这个苦就让我来吃吧。"

后来，李爱云与当地一个普通的小伙结了婚，彻底扎根在淮阴，过着普通人的生活。1999年，当得

李爱云为小学生
讲革命故事

知县政府要筹资兴建82烈士纪念馆时，李爱云夫妻
俩把家中仅有的1000元存款捐给了政府。那个时候，
他们夫妻俩一个月拿不到1000元工资。

现在，李爱云除了祭扫哥哥的陵墓，还义务承担
为参观者宣讲李云鹏和刘老庄82烈士事迹的工作。
淮阴师专附中、淮阴青少年活动中心、刘老庄中学等
地都留下她深情的讲述。让更多人知道抗战胜利的来
之不易，是她对哥哥的最好怀念方式。

李爱云于1992年到2002年期间被选为淮安市第
三、第四届人大代表，淮阴县政协第五、第六届委
员；2010年，被评为"中国好人""江苏好人"；2013
年，她被评为江苏省"道德模范"。

阳光下，刘老庄烈士陵园的82棵青松，郁郁葱
葱。仰望82棵青松，李爱云在心中对哥哥们说，我
今年已七十，但只要还有一口气，我就会陪伴在你们
身旁。

◎ 链接：待凯然以报父母恩

—— "刘老庄连"原指导员李云鹏写给父母的家书

"刘老庄连"是一支战功卓著的老红军连队，抗战期间，它的番号为新四军 3 师 7 旅 19 团 2 营 4 连。1943 年，日军第 17 师团和伪军在苏北淮海区一带"扫荡"，企图以"铁壁合围"歼灭新四军主力。为掩护党政军领导机关转移，4 连在刘老庄一带展开

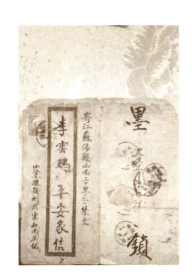

李爱云珍藏着哥哥牺牲前寄给家人最后的家书

防御。3 月 18 日上午 9 时左右，完成合围的一千余名日军和六百余名伪军在旅团长川岛的指挥下，向 4 连发起第一次总攻。4 连 82 名勇士在连长白思才的带领下，借助交通沟顽强抵抗，英勇地击退日军进攻。

临近黄昏，川岛见久攻不下，改变战术，对 4 连进行诱降。然而，4 连的回答是一排排飞出的子弹。川岛恼羞成怒，利用重型火炮对 4 连阵地狂轰滥炸。4 连损失惨重，战至黄昏，全连仅剩二十余人，并且大都负了伤。在十多个小时的战斗中，全连官兵没有

吃过一粒米、喝过一滴水，个个筋疲力尽。

日军发起第五次进攻，攻到了4连前沿。连长白思才高喊一声"杀啊！"，跃出战壕。指导员李云鹏挥动着上了刺刀的步枪，紧随白思才冲了上去。在一片气壮河山的喊杀声中，战士们端起刺刀，一跃而出，与敌人展开白刃肉搏。刺刀捅弯了，就用枪托砸；枪托砸碎了，就用小锹砍；小锹砍断了，就用双手掐；双手负伤了，就用牙齿咬……一场惊天地、泣鬼神的厮杀后，82名勇士全部壮烈殉国。据统计，他们杀死日伪军一百七十多人，杀伤日伪军二百余人。

烈士们的英雄事迹，可歌可泣。82名烈士中，指导员李云鹏是唯一留下家书的人。透过李云鹏1941年写给父母的家书，我们可以感受英雄们的内心世界。

父母亲大人：

自儿离家已经年余，记得曾在本年四月间，于泗县郑集寄家信一封，不知大人收到否？回音否？如家音回报，可惜我也不能等收了。我已离开此地转入本省淮阴了，以致家音不能等收，儿异常为念。不知大人身体近来健康否？不知家中生活情形和收成怎样？更不知当地情形如何？儿在外甚为惦念之。儿在外身体很好，生活也很好，而现在的我比从前粗壮而高大了，请大人不要为念。儿还在这里工作，工作也非常忙碌，我也非常高兴。此信致家不过慰问而已。因现无一定的地址，儿现在心目中所最挂念者，以我年老悲慈之祖母。儿离家时，祖母曾染重疾。不知大人的病痊愈了否？身体健康否？不知祖母饮食起居怎样？儿心中非常挂念。希二大人将我之情形讲给他（她）听，以免大人之悬念。这次离家，未报此恩反而离家，是我之罪过也。待风息波静，凯然而归，全家团聚，以报此恩。儿现已将"亚光"改为"云鹏"，请父指教之。现因时间之短促，不能再叙。并祝

各位叔父母的身体安康！各位小弟弟好吗？侄在外甚为挂念。

代问

祖母大人：现在她老人家的身体好吗？生活好吗？我在外生活、身体都很好，请老大人切勿挂念为盼。

祝

身体安康

儿　云鹏上

七月四日

13. 把祖国的需要视为最高指示

——访马本斋之子、海军少将马国超

马国超至今仍清楚记得，1944年2月初，他跟着母亲和姐姐去看望病重的父亲。父亲躺在床上，半侧着身子，拉着他的手说："爸爸那天教给你写的那两个字会写了吗?""会了!"马国超说着，拿起放在床边的铅笔和纸，歪歪扭扭写了"中国"两个字。

马国超少将在父亲塑像前

在父亲铜像前
我把耳朵贴近铜像
听见父亲均匀的呼吸
父亲将安危托付给我
我给祖国每天恬静的黎明

——马国超

这是马国超少将在父亲铜像前作的小诗，更是他内心的真实表达。尽管1944年马本斋去世时，马国超只有五岁，但他始终感觉，"七十多年来，父亲从

本书作者与马国
超合影

未远离，父亲的嘱托一直萦绕耳畔"。

在碧空如洗的初夏早晨，我敲开位于北京市海淀区的一家民居的房门，采访了刚从山东菏泽回到北京的马国超。他还没来得及洗去途中风尘，眼里透着血丝。这个民居，墨香满屋，字画悬墙。

马国超担任中国将军后代合唱团团长。2015 年是抗日战争胜利 70 周年，合唱团外出活动格外多。合唱团成员都是开国将帅后代，平均年龄 70 岁左右。"这次去菏泽演出，合唱团里老伙伴们感慨很多。当年老区的乡亲们冒着生命危险来支援父辈抗日，如今我们要用歌声来感谢他们。"

马国超告诉我，他一年有二百多天在外地。这两个职务都不是"享清闲"的，要做大量工作。不管是寄情笔墨丹青，还是曲韵美好河山，马国超都用自己的心声讴歌祖国。

父亲的临终嘱托成为马国超的人生信念

　　1939 年农历腊月初二，马国超出生在河北省献县辛庄村。全村人都是回民。"小时候，我基本上没有在老家待过，一直跟着父亲率领的回民支队跑，直到 1944 年父亲去世。"

　　马国超至今仍清楚记得，1944 年 2 月初，他跟着母亲和姐姐去看望病重的父亲。父亲躺在床上，半侧着身子，拉着他的手说："爸爸那天教给你写的那两个字会写了吗？""会了！"马国超说着，拿起放在床边的铅笔和纸，歪歪扭扭写了"中国"两个字。马本斋满意地说："孩子，记住，咱们的祖国就叫中国，你们长大后，要爱中国……"

　　"病榻上，积劳成疾的父亲消瘦干枯，像燃烧到最后的蜡烛。他生命的最后遗言，是叮嘱我要像回民支队的战士们一样，把整个生命献给中国！"父亲的临终嘱托成为马国超的人生信念。

　　1945 年下半年，抗日战争胜利，马国超跟随母亲孙淑芳回到河北献县老家生活。1952 年夏天，他被组织上送进北京。当时的北京市长彭真把马国超送到牛街的回民学院（现在的回民中学）第二附属小学去读书。三个月以后，原华北军区司令员、时任铁道部部长的吕正操将军听说马本斋的儿子在北京，又把他转到了华北军区八一学校。在这所培养干部子弟的学校里，马国超有幸和许多国家领导人的孩子成为同学，并且在一起学习与生活。他说："这些高级领导人的孩子都很朴实。在他们的身上，我学到了很多好的品质。"

党的关心和爱护让马国超的内心充满了感激，促使他格外刻苦用功地学习。"我虽然没有亲身参加过战斗，拿枪打击敌人，但是目睹了日本鬼子和汉奸屠杀老百姓，因此深知好日子来之不易。为了实现父亲的遗愿，将来报效国家和人民，我只有一条路可走——努力学习，报效祖国！"

1959 年 8 月，马国超成为中国人民解放军测绘学院海军系的一名学员。当他一身戎装地出现在母亲面前时，孙淑芳老人激动得热泪盈眶，她一字一句地对儿子说："孩子，千万别忘记你父亲临终前的嘱托，大学毕业后到部队好好锻炼自己，做一名出色的战士！"

"四年的军事院校生活，对帮助我成为一名真正的军人至关重要。大学毕业前夕，组织上依然对我很关心，问我毕业后想上哪里去。我坚定地回答：当然去部队！"

于是，他被分配到北海舰队海测大队，从此开始了风里来浪里去的海军生涯。他牢记父亲的遗言和母亲的嘱咐，勇敢地迎接惊涛骇浪的考验。"蓝色披肩抖落满天星光 / 黑色飘带送走弯弯的月亮 / 水兵把美丽的早晨从海里捞起 / 高高举起一轮早醒的太阳。风里来浪里去年年耕耘 / 种出的和平花四季飘香 / 热情的太阳向大海微笑 / 亲切问候那远航的儿郎。晨风送来妈妈的嘱托 / 蓝色国门交给儿的手上 / 啊，太阳，太阳，太阳 / 鲜红的太阳挂在军舰上 / 是授给战士的金色奖章……"

马国超记不清自己写了多少歌颂海军、抒发胸臆的诗歌，只知道海风吹硬了自己的性格，海浪把自己的人生信念拍打得更加坚定。他经常出海，远赴异乡执行任务。在碧波荡漾的海面上，浪花拍打舰艇，他望向祖国的方向。每当此时，他对祖国的依恋和热爱就愈发浓烈。他像一个远行的游子，有太多的话对母亲说，汇成了笔端的一个个字符。一首接着一首地写诗，最终汇集编成了厚厚的三个册子，他将之命名为《心泉》《心语》和《海之恋》。

报效祖国是不分职位高低的

领导发现了马国超的才华，把他调到海测大队政治处当文化干事。他便组织干部战士绘画、唱歌、赛球、举办文艺汇演，把部队生活搞得热火朝天。但他没有想到自己这个"干事"一当就是 17 年，"这个纪录恐怕在全军都少见"。在"进步"这个问题上，作为民族英雄马本斋的儿子，他相信要依靠真才实学，依靠自己的刻苦努力，而不是靠托关系找门子。曾经有人劝他去拜访一下当年他父亲的领导和战友，因为这些人大多数是国家和军队的领导干部。但马国超没有这样做。后来，军队实行干部年轻化、知识化，具有大学本科文凭的马国超被提拔为海军政治部群工部副部长，一年以后提升为部长。

他首倡要以祖国城市的名字命名舰艇，并与这些城市加强联系。这项活动在军队和地方形成很大影响，一直延续至今。不久，他又被调到海军政治部任秘书长，后任海军航空兵副政委。他感觉到党和军队对自己的信任，因此勤勤恳恳、脚踏实地地为部队办实事，做好事。

"从当战士开始，一直到被授予海军少将军衔，我无时无刻不在提醒自己：一切听从党的安排，踏踏实实做好工作，报效祖国！"是啊，报效祖国是不分职位高低的。马国超之所以能在坚守，正是出于这样一种朴素的情感。

离开军队十几年了，马国超并没有闲下来，而是多了一重身份：全国政协委员。从担任第九届政协委员开始，连续十几年，马国超带来了几十份提案，大部分都跟民生息息相关。

作为一名民族界别的政协委员，他一直关注着少数民族地区的教育问题。马国超对我说，自己从很多渠道了解到，少数民族地区尤其是西部地区的孩子上学条件太艰苦，教师紧缺。"我曾经看过一部新闻片，一位少数民族地区的教师，为了供村里的几个孩子上学，白天在破陋的教室里教课，晚上起来磨豆腐，五六点钟去卖豆腐……"马国超经常为了一份提案而到偏远的民族地区调研。

"祖国需要我做什么，我就要把这个工作做好。"马国超斩钉截铁地说。或许是因为当过几十年的兵，他一直把祖国的需要当成最高指示，总是不折不扣去服从。

马本斋之孙也是军人

"革命人永远是年轻"，是大家对马国超的共同评价。腰板笔直、思维敏捷，马国超看上去比实际年龄要年轻二十多岁。这或许与他长期搞艺术有关。马国超从小就爱好文艺，喜欢欣赏、收集和临摹好的书画作品。"这些爱好很大程度上来自父亲的遗传。"他说，常听母亲讲，父亲每当打了胜仗凯旋之时，就会带领回民支队剧社的演员进行演出。在京剧《王佐断臂》中扮演王佐，是父亲的最爱。父亲有着广泛的爱好，除了京剧之外还有书法。他用毛笔小楷记载了战斗、生活以及思想过程。很遗憾，因为当时战争环境恶劣，这些战斗日记、札记没有完整地保留下来。

军旅生涯中，业余文学创作始终伴随着马国超。他先后出版过长篇传记文学《马本斋将军》，电视剧剧本《青年闯天下》，长篇叙事诗《青松长翠》，诗集《心泉》《海之恋》等，共五百多万字。他现在是中国作家协会会员，还拍摄过电影、电视剧等。马国超从来不参加"签名售书"，却举办过个人书画精品义卖活动。筹得的款项，全部捐给了贫困儿童。

2014年1月，真实反映抗日英雄马本斋及其母亲白文冠的电影《回族儿女》，在马本斋的故乡沧州首映。马国超为这部影片倾注了大量心血：不仅担任影片的总策划、总制片，还参与剧本创作……他说，参与拍摄《回族儿女》的过程，也是他重温父辈英雄故事的过程。"戏里戏外，我常常能感受到父亲仿佛就在我身边，也时刻感受到父亲为祖国战斗的那股豪情。"

马国超现在有一儿一女。受马国超影响，他的儿子马龙现在也是一名舰艇军人。2010年11月6日，是马本斋纪念馆落成的日子。当时马龙正在亚丁湾执

马本斋之子马国
超全家合影

行任务，他在浩瀚的印度洋上眺望祖国的方向，写下
了这样一段话："虽然相隔千山万水，但遐想随赤道
之风展开翅膀，飞回可爱的家乡，爷爷一生辉煌在此
时定格。抚摸爷爷铜像挺拔的身躯，感受中华民族的
泱泱风度，仰望铜像无言的屹立，更明白爷爷为什么
有英雄的称呼……"

◎ **链接：英雄母子的故事**

　　马本斋，1901 年出生于河北省献县的一个回族
贫苦农民家庭。全家十三口人，靠租种别人的几亩薄
地，打短扛活，维持生活。马本斋的母亲，心地善
良，常给孩子们讲苏武牧羊、岳母刺字、木兰从军的
故事。母亲的言传身教，对马本斋的幼小心灵产生了
深刻影响。

马本斋与其母亲

　　马本斋 10 岁时，母亲送他到本村私塾读书，学名马守清。后因家境日艰，只念了三年便中途退学。

　　1937 年 7 月 7 日，卢沟桥事变爆发，日本侵略军很快侵入他的家乡河北献县一带，烧杀淫掠，无恶不作。从东北军弃官离职的马本斋随即在家乡组织回民抗日义勇队，奋起抵抗日本侵略军。1938 年年初，马本斋率队加入河北游击军，编为冀中回民教导队。1938 年 4 月，所部改编为冀中军区回民教导总队，他任总队长。马本斋在抗日战争中体会到了共产党的伟大和无私，决心加入中国共产党。他在入党申请书中写道："我甘心情愿把我的一切献给伟大的中国共产党，献给为回族解放和整个中华民族的解放而奋斗的伟业。"1938 年 10 月，马本斋光荣地加入了中国共产党。1939 年，回民教导总队改编为八路军第三纵队回民支队，马本斋任司令员。1942 年 8 月，回民支队奉命到达冀鲁豫抗日根据地，他被任命为冀鲁豫军区第三军分区司令员兼回民支队司令员。改编后的回民支队，在他的率领下，战斗力不断提高，队伍迅速发展到 2000 多人，成为八路军冀中军区野战化较早的一支能征善战的精锐部队。

1939 年日寇"扫荡"华北，马本斋领导的回民支队在河间、青县、沧县地区转战，并在各大清真寺都助"回民抗战建国会"组织伊斯兰小队，开展敌后游击战争。在日寇对冀中根据地的"扫荡"中，与八路军主力纵队和贺龙、关向应率领的 120 师协同作战，消灭土匪武装第六路。

1940 年的康庄战斗中，马本斋指挥部队从四面八方向侵略军猛烈进攻。半小时的战斗，除六七个伪军逃跑外，将其余 50 余人全部歼灭。这一次战斗，缴获大炮一门，重机枪一挺，轻机枪两挺，步枪 60 余支，马 10 余匹，以及许多弹药。

1941 年 7 月，马本斋运用游击战，对盘踞在河间县城一带的日寇实施严厉打击。日寇缩在据点里不敢出来，队长山本还给周围据点下了道命令："百人以下的队伍，不准走出据点大门。"为消灭回民支队，1941 年 8 月 27 日，日本侵略军抓走了马本斋的母亲白文冠，企图逼降素有孝子之名的马本斋。同时，以马母为诱饵，诱使马本斋率部来救，以乘机消灭回民支队。日本侵略军用种种手段，逼迫马母给马本斋写劝降信。但是，深明大义的马母宁死不屈、义正词严地拒绝敌人："我是中国人，我儿子当八路军是我让他去的。劝降？那是妄想！"马母绝食 7 天，以身殉国，时年 68 岁。回民支队指战员纷纷请战，要为马母报仇。马本斋沉痛地写下誓言："伟大母亲，虽死犹生，儿承母志，继续斗争！"

14. 踏遍万水千山只为追寻前辈足迹

——记毛泽民的外孙曹耘山

曹耘山感慨万千："我觉得这是一个非常了不起的家庭，他们为了中国革命作出了巨大牺牲和贡献，而他们的后人直到现在也非常低调，都是老老实实在岗位上，把自己的事情做好。"成长在这样的家庭，曹耘山深知自己的使命。1968年，他应征入伍，主动要求到野战军步兵连锻炼，经历了从战士到班、排、连、营、团职等各军阶，还经历了枪林弹雨的生死考验。

本书作者与曹耘山合影

我是在 2013 年 12 月与曹耘山见的第一面，当时约访曹耘山颇费一番周折。2013 年 9 月 27 日是他外公毛泽民逝世 70 周年纪念日，12 月又迎来毛泽东诞辰 120 周年纪念日。他掰指头算了好久，最后"阔绰"地拿出一下午时间接受了采访。见到曹耘山时，他刚从山西回到北京，之前他还去了韶山。

毛家第三代中唯一上过战场的人

曹耘山是革命先烈毛泽民的外孙，与共和国同龄，他母亲是毛泽民的女儿毛远志。"毛泽民的纪念日估计现在很少有人知道，而毛泽覃，恐怕很多人连他的名字都没听说过，他们作为毛泽东仅有的两个弟弟，都将自己的一生献给了祖国的解放事业！特别是毛泽覃，想起来心中有些酸楚，现在连块像样的墓地都没有……"说到动情处，曹耘山指向茶几上摆着的

在俄档案库里查到毛泽民档案

一件雕像。这是他刚刚完成的一件大事——创作一尊毛家三兄弟的艺术雕像。在他看来，"毛家三兄弟在中国历史上难得一见。为了中国革命，他们做了太多的事情。他们既是亲如手足的同胞兄弟，也是生死与共的革命战友。"

除了他们，毛泽东失去的亲人还包括爱妻杨开慧、爱子毛岸英、堂妹毛泽建、侄子毛楚雄等。毛泽东曾说过："我们只能这样。我们干革命是为了造福下一代，而当时为了革命，又不得不丢下下一代。"曹耘山感慨万千："我觉得这是一个非常了不起的家庭，他们为了中国革命作出了巨大牺牲和贡献，而他们的后人直到现在也非常低调，都是老老实实在岗位上，把自己的事情做好。"

成长在这样的家庭，曹耘山深知自己的使命。1968 年，他应征入伍，主动要求到野战军步兵连锻炼，经历了从战士到班、排、连、营、团职等各军阶，还经历了枪林弹雨的生死考验。

1979 年，而立之年的曹耘山刚刚组建了自己的家庭。孩子马上就要出生，而这时他要奉命指挥一个步兵营参加中越边境自卫还击战。白天豪言壮语，夜里辗转难眠，初为人夫的幸福，以及将为人父的喜悦，都让他对往后的人生充满期盼，而此一役却生死未卜。但他还是义无反顾奔赴战场，支撑他作出最后决定的就是一个信念：不能给自己的光荣家庭抹黑。战后，他所指挥的步兵营荣立集体二等功，本人立三等功。

战场上，一个个生命在自己身边倒下。他不由得想到自己的前辈，那些为了中国革命事业不惜抛头颅、洒热血的先烈们，他们是何等的英勇和伟大。正是有了这样的亲身体验和特殊情感，他在战场上许下一个大愿，一定要寻访前辈的足迹，将他们的光辉事业继承下去！

毛泽东三兄弟的革命情谊

毛家三兄弟出生在湖南湘潭县韶山冲。毛泽民1896年出生，比毛泽东小3岁，最小的弟弟毛泽覃比毛泽东小12岁。他们家境并不富裕，为供养大哥上学，毛泽民14岁辍学开始在家劳动。后来，小弟也随大哥去长沙读书，一家重担都落在老父毛顺生和老二毛泽民肩上。经过几年的苦心经营，毛家的生计逐渐好转，家里的房子从五间半茅草房，改建成了十三间半青瓦房，并以"义顺堂"名义发行了自家的

与父母在毛泽民烈士墓前

"纸票"。"这一做法也显露了毛泽民早期的经济头脑。一个山村里的农民，懂得用金融手段来集资、周转。"曹耘山说。

毛家兄弟的母亲文素勤、父亲毛顺生分别在1919年和1920年相继去世。这之后，毛泽民在毛泽东的带领下，义无反顾地参加革命。曹耘山说，"离开好不容易操持起来的家，毛泽民最开始有些犹豫，而这时接受了马克思主义思想的毛泽东，已经有了要为民族解放献出自己所有利益的思想准备"。最后，毛泽民还是听从大哥的想法放弃家产。他先是在毛泽东创办的湖南自修大学搞勤务工作，工作之余开始学习马列主义，思想进步很快，不久加入中国共产党。

1925年春天，毛泽民跟随毛泽东到湖南开展农民运动。之后，到广州参加农民运动讲习所。随后，辗转上海、天津、武汉等地，从事党中央的秘密出版发行工作。1927年5月，毛泽覃奉命秘密从广州取道上海前往武汉，途中，意外在江轮上与毛泽民相遇。抵达武汉后，二人与毛泽东团聚。

曹耘山说，1927年的那次聚会，是三兄弟及亲属在一起时间较长的一次。而当时的革命形势非常危急，国共两党关系全面破裂，武汉三镇已是黑云压城。中国革命究竟向何处去？三兄弟在一起日夜促膝长谈。毛泽东对两个弟弟说："现在和平的日子不多了，我们三兄弟在一起的日子也不多了。"毛泽东问毛泽民有何打算，他说一切听从大哥安排。毛泽东说，"那好，我准备搞秋收起义，你就给我筹备粮草和资金"。毛泽覃则选择随国民革命军参加南昌武装起义。从此，毛家三兄弟共同举起武装斗争的大旗，天各一方。

中央红军长征时，毛泽民担任中央纵队十五大队的政委，负责"扁担银行"和部队供给。而毛泽覃则留下坚持游击战，他率领部队转战于闽赣边界的崇山峻岭中。1935年4月，他所带领的部队在瑞金红林山区被国民党包围。为掩护游击队员脱险，毛泽覃英勇牺牲，时年29岁。而刚到陕北的毛泽民从敌人的电台中得知此消息，立即赶到大哥毛泽东住所。毛泽东悲痛地说："母亲生前多次嘱托让我照顾好小弟，我没尽到责任。"

1938年2月，受中央派遣，毛泽民化名周彬到新疆任财政厅代厅长，做党的统战工作。1943年9月27日，他与陈潭秋、林基路等共产党员被反动军阀盛世才秘密杀害。当时，毛泽民年仅47岁。毛家三兄弟中有两人为中国革命献出宝贵生命。

乌鲁木齐八路军驻新疆办事处纪念馆

接过母亲手中的接力棒，
寻踪的脚步继续向前

毛泽民的女儿毛远志同样历经磨难。曹耘山说："外公曾给八路军驻武汉办事处的负责人写信，说他还有一个女儿在湖南老家，坐过国民党的监狱，讨过饭，在地主家当过丫头，后在一家做童养媳，非常苦。希望能想办法找到她，送到延安来。这就是我的母亲。"

"母亲很少在我们面前提家庭的事情，直至初中毕业报考空军飞行员需要填政审表，我才得知自己的外公是毛泽东的亲弟弟毛泽民。"曹耘山说，在几十年的人生路上，母亲遵照毛泽东的嘱咐："做任何事情，不要打父辈的旗号，要靠组织、靠群众、靠自己"。她甚至隐姓埋名，对外交往时自称"阮志"。

在曹耘山看来，虽然母亲很少提外公的事，但她内心却无时无刻不在想念她的父亲。20 世纪 80 年代初离休后，毛远志做的第一件事就是搜集和整理与毛泽民有关的文献资料。"当年没有复印机，母亲就一页纸一页纸地抄，去韶山、长沙、安源、九江、抚州、南昌等地，把整理、搜集到的资料分门别类装满了近三十个文件袋。"

1990 年，毛远志因病去世。曹耘山便从母亲手里接过接力棒，沿着前辈的足迹辗转于祖国的万水千山，工作积攒下并不丰厚的收入都贴补在匆忙的行程上。寻访之路最远曾到俄罗斯。白天像小学生学字般在档案馆伏案抄资料，夜里一人住进地下室整理资料，这样一住就是三个星期。但凡有新的线索，再远的路他都要走一遭。

如今，曹耘山大部分的精力都投入前辈的寻踪和史料研究中。从湖南韶山、安源路矿、中央苏区，到陕北、新疆，这条毛泽民的革命之路他前前后后走了不下三遍。在行走的过程中，他历经艰辛磨难，但更多的是兴奋和喜悦。对他而言，任何一个新的线索都是不容放过的"线头"——说不定它就会牵出个千尺彩练。他搜集整理了大量历史文献和档案资料，在此基础上撰写了《寻踪毛泽民》《革命与爱——共产国际档案最新解密：毛泽东毛泽民兄弟关系》两部书，并拍摄了四集文献纪录片《毛泽民》。"这是我这几年寻踪的结晶，更多的是父母亲这一辈的心血"。图书出版之际，曹耘山来到新疆乌鲁木齐外公毛泽民烈士墓前，也赶到湖南韶山母亲墓前，献上图书和光盘告慰先人。他想让已故的先人知道，对前辈的追寻，将会像血缘一样不停地传承下去。

"我的家人在这里牺牲都不怕，
我去看看怕什么"

2006 年，曹耘山开始寻找毛泽覃的牺牲地。"我去了瑞金，想看看毛泽覃牺牲和埋葬的地方。当地人告诉我，地点在大山里，梅雨季节经常塌方，很危险。我说我的亲人在这里战斗牺牲都不怕，我去看看怕什么。"曹耘山最终走进了大山。村干部领来一位已经 95 岁的老太太，当年就是她亲手埋葬了毛泽覃。据曹耘山说，老人颤巍巍地带他来到山边，在一个没有任何标志的小土包前停下来，说这就是毛泽覃的坟。她回忆，毛泽覃遗体抬下来时，全是血和泥……让曹耘山感到心酸的是，这位毛泽东疼爱的小弟弟、红军师长、革命烈士，只留下一个光秃秃的坟包。为此，曹耘山又到处奔走，呼吁解决问题。

年过六十，好多人到了这个年龄都在颐养天年，曹耘山反而更忙了，他大概一个月在北京的时间不超过十天。他说，每天他都在思考前辈的选择，每一次思考都有新的认识，"就比如前辈常提的艰苦奋斗、勤俭节约。毛泽民在担任中华苏维埃共和国国家银行行长时，管着中央苏区的'钱袋子'。但他从不搞特殊化，不乱花公家一分钱，即便是毛泽东来银行视察工作，也是按照普通的伙食标准配给。"曹耘山感慨道："到如今，改革开放三十多年，我们国家越来越强大，物质生活也越来越丰富，但越是在物质富裕的时代，越需要有精神力量的支撑。我觉得要让更多的年轻人了解我们的革命历史，特别是那些默默牺牲、被人们遗忘的革命烈士，要记住我们中华民族可贵的精神，我希望能在有生之年多做些精神传承传播的事情。"

◎ **链接：家书寄舅母，暗语传信念**

——毛泽民写给舅母的信

1930 年 3 月，周恩来去莫斯科向共产国际汇报

工作，由中央政治局常委兼宣
传部长李立三主持中央工作。
李立三对中国革命形势、性质
和任务等问题提出错误主张，
甚至制定了以武汉为中心的全
国暴动和集中全国红军进攻中
心城市的冒险计划，幻想能够
"会师武汉""饮马长江"。毛
泽民也不时听到"左"倾路线
领导人诋毁毛泽东和朱、毛红
军的消息，他常常为毛泽东的
处境担忧。

1919年春毛氏兄
弟与母亲在长沙

这年春天，中央委员恽代
英去闽西苏区视察，亲眼看到
朱、毛红军经过长期游击战争所取得的伟大成绩。他
在中共中央机关刊物《红旗》上发表文章，赞赏毛泽
东以工农武装割据、农村包围城市进而夺取城市的正
确主张："闽西八十万工农群众斗争中建立的苏维埃
政权，获得朱、毛红军长期游击战争经验的帮助和指
导，在政治上确实已经表现了伟大的成绩。"

读了恽代英的文章，毛泽民备受鼓舞。在1931
年4月毛泽民写给八舅母及诸兄嫂的一封信中，便能
看出他当时的心境。

八舅母及涧泉泳昌诸兄嫂：

别后数年，从未修函问好，真有点对不起，但近
年因时运欠佳，弄至家败人散，实无颜奉告故也。

因彼此数载未通信音，府上之事一点也不知，幸

近有德吾转来昌兄一信，始知我那慈祥爱甥如子之舅母老人家尚健，诸兄嫂等亦清平，得悉母（无）任欢慰！惟有爱甥如子的舅父已仙逝，得知为之心碎耳！唉！诚有负他老人家之恩矣！今特奉上大洋五元，请舅母老人家笑纳，藉报效劳如万一矣！

我等自不善经营，家败人散之后，留家之女眷故（受）累匪浅，且家嫂于去冬物故，然我兄弟等贱体尚如恒，三哥的三子现已入义学读书，他自己近段找有好差使，望我等当总有荣升一日吧！余言不尽，顺颂近骐（祺）！

外甥　允廉谨上
四月二十二日于天津

◎ **品读**

由于毛泽民在白区从事地下工作，信中除八舅家的家事外，其他都用暗语。写信人的署名"允廉"，即润莲的谐音。他暗示八舅一家：嫂嫂杨开慧不幸牺牲；"三哥的三子现已入义学读书"，意为岸英三兄弟已脱险了；特别是三哥"他自己近段找有好差使，望我等当总有荣升一日吧"一句，表达了毛泽民对毛泽东创建工农武装政权和革命根据地的称颂，以及他本人对革命必胜的坚定信念。

◎ **毛泽民档案**

毛泽民（1896 年 4 月 3 日—1943 年 9 月 27 日），化名周彬，汉族，湖南省湘潭县人，中共党员。毛泽民是中央苏区国家银行第一任行长，国民经济部部长，1921 年年底加入中国共产党。抗日战争爆发后，1938 年 2 月，受党中央派遣，先后出任新疆省财政厅副厅长、民政厅厅长等职。1942 年 9 月 17 日，毛泽民和陈潭秋等共产党员被反动军阀盛世才逮捕。1943 年 9 月 27 日，与陈潭秋等共产党员被敌人秘密杀害，毛泽民时年 47 岁。

15. 我和父亲都是"书报资本家"

——访陈潭秋次子、南开大学历史系教授 陈志远

陈志远说，我逢九的年份都要摔一跤，1989 年骑车避让后车摔成骨折；1999 年夜里走路绊了一跤摔成腰椎错位；2009 年下楼跟跄崴伤了脚。再摔一跤，那就到 2019 年。党的十八大报告说了，全面建成小康社会是党和国家到 2020 年的奋斗目标。那时的中国，必将有一个更大发展。

陈志远是陈潭秋的次子，一生未曾见过父亲，与

陈潭秋次子陈志远
在家中接受采访

母亲徐全直的接触仅限两个月的襁褓时光。1933年年初，党中央决定将陈潭秋夫妇调离上海，赴中央苏区工作。但当时徐全直待产不便转移，只能由陈潭秋先行前往。4月，陈志远在上海出生。6月，徐全直因叛徒出卖被国民党当局抓捕入狱。次年2月，遭受八个月牢狱之苦的徐全直被敌人杀害，年仅31岁。徐全直殉难后，襁褓中的陈志远嗷嗷待哺。陈潭秋的六哥、六嫂将其接养，并一直视如己出，将陈志远抚养长大。

虽一生未曾身蒙父母恩，但陈志远每每谈起他们，却总哀思无限："母亲如果不是因为怀了我，就会与父亲奔赴苏区，也不会留在上海被捕……而父亲，也未曾来得及照料临产的妻子、看一眼即将出生的孩子，就匆匆上路……父亲曾在给伯伯们的信中写道：'我始终是萍踪浪迹、行止不定的人，终年南北奔驰，今天不知道明天在哪里……'他背负着这个国家、民族自由的希望。"

2013年初夏的一个午后，我来到陈志远一家5口住的南开大学家属楼，这是一栋20世纪90年代兴建的居民楼，没有电梯。陈家住在三层。在堆满书刊的书房里，陈志远接受了我的采访。

如今，已入耄耋之年的陈志远，谈起父母，依然泪浸眼眶。"年轻时，我很少提及父亲母亲，感情上受不了。那时只要电台里播革命烈士回忆录，我就哭。一边听，一边抹泪。后来，年龄越来越大，感情平静下来，可以渐渐面对父母的英年早逝……"说罢，陈志远擎起颤巍的左臂，轻拭眼角沟壑皱纹里布满的泪水。

追忆父亲参加中共一大经历

陈志远说，陈潭秋的五哥陈树三是父亲革命思想的启蒙者。陈树三曾是同盟会员，参加过辛亥革命。"据说在当时乡间小山村庄里，父亲穿着短裤，剪了辫子，背着书包上新式小学，可谓开风气之先。"

辛亥革命后，陈潭秋考入国立武昌高等师范学院（武汉大学前身）英语部。"在学校中，父亲是学生运动的活跃分子；五四运动时，父亲总是站在游行队伍的最前列。"

后来，陈潭秋被推选为武汉学生代表之一，去上海联络各地学联，也因此在上海结识了董必武，并开始接受共产主义思想。

"父亲第一次见到董必武是在1919年夏天，他俩一见如故，交流学习马克思主义的心得，畅谈改造世界的抱负……"

1919年秋，大学毕业的陈潭秋成了湖北人民通讯社的记者，并在董必武主持的私立武汉中学兼任英语教员。私立武汉中学后来成为湖北党组织的发源地。因此，陈潭秋以记者和教师的双重身份，经常深入武汉各学校、工厂、机关等地，以文字为刃、以教育为方，开启民智，传播革命思想。

1920年秋，董必武和陈潭秋等人发起成立了武汉的共产党早期组织，又建立了半公开的社会主义青年团。武汉及其他各地党的早期组织的成立，为中共一大的召开准备了条件。随后，陈潭秋和董必武被公举推选为武汉的共产党早期组织代表。

1921 年 7 月，陈潭秋和董必武一起搭乘轮船，代表中共武汉党组织，赴上海参加中共一大，并见到同来参会的长沙的共产党早期组织代表毛泽东、何叔衡、济南代表王尽美、邓恩铭、北京代表刘仁静、张国焘、上海代表李汉俊、李达、广东代表陈公博，以及留日代表周佛海等。

"后来，父亲撰写了《中共第一次大会的回忆》(1936 年 6、7 月间发表于《共产国际》杂志第七卷)，详细回忆了中共一大召开时的情景，还说到了中共成立后的 15 年间，为革命事业牺牲的许多老共产党员，以及一些叛变了革命，走进反革命营垒的叛徒。他说：'在第一次大会时期加入的党员，现在剩下的简直很少了。但在一次大会后，生长起来很多新的力量……党的一切生活，一切斗争，一切政策，都随着党的生长加强着，生长着，巩固着。'"

"书报资本家"

武汉，对于陈潭秋和陈志远父子而言，都是完成最重要人生转折的地方。20 世纪 40 年代，尚处少年时期的陈志远被父亲的革命战友接到武汉读书。在武汉二中读书期间，陈志远的物质生活很富裕，他告诉记者，党组织很照顾他，每月中央组织部都会给他 10 元钱的生活费，一些老同志，如瞿秋白夫妇也会不时给他零花钱，那时，10 块钱不算小数目，陈志远手里总能攒下一些钱。"我就用这些钱买书、订

报，宿舍里到处是我买的书，同学们都叫我'书报资本家'。"孜孜不倦地阅读求索，陈志远逐渐了解党所领导事业的伟大正确性和无比的光明前景，也逐渐理解了父母所追求事业的崇高。也正是在这个阶段，陈志远立志要从事党的历史研究。

临近中学毕业，武汉二中校方坚持让陈志远留校任教。但为了能潜心研究党史，他还是决意报考大学，并最终考取了当时名气很大的南开大学历史系。

1953年，时年20岁的陈志远背上行囊，离开父亲作为革命先驱引航战斗过的土地——武汉，北上天津，开始独自一人的求索生涯。

如愿以偿的陈志远在大学期间沉浸书海，翻阅大量历史著作，撰写了大量文章，因表现优异，毕业后得以留校担任历史教学工作。教学研究中，陈志远有机会看到父亲留下的书稿。"父亲是一个善于思考总结的人，从1921年到他生命最后时刻，他一直没有停止思考中国的命运和前途，并把这些思考都一一写了下来。"

虽没有直接受过父母教诲，但他们对陈志远一生影响颇深。陈志远说，父母的革命精神成为自己前进的动力，他们坚定的理想信念、艰苦奋斗的精神都成为自己一生学习、工作、生活的鞭策。生活中每每遇到挫折，陈志远总会想起父母一生所作出的选择：他们用一生时光践行信念，用生命换取国家的独立和人民的幸福。

陈志远自幼因突发脑炎，右侧身体功能严重受损，普通人习以为常的生活和工作，他却要付出常人无法体会的痛苦和煎熬，但他总想："比起父母等老一辈革命人用生命追求自己的信仰，身上的残疾又算得了什么？"

不忍心看父亲的受审记录

1973 年，新疆维吾尔自治区政府为纪念在新疆牺牲的革命烈士，组织了系列活动，专门发电请陈志远参加。这是陈志远"第一次直面父亲的牺牲"。"在八路军驻新疆办事处纪念馆，我看到父亲书架上摆满历史书，熟悉父亲的一些老同志也跟我说父亲确实喜欢读历史。我一辈子从事历史教学研究，也算是跟父亲的一种默契和传承。"在纪念馆中，陈志远受触动最大的还是有关陈潭秋的几次审讯记录。

1939 年 5 月，从莫斯科列宁学院学习回国，陈潭秋担任中共中央驻新疆代表和八路军驻新疆办事处负责人，化名徐杰。1942 年 9 月，投靠蒋介石的新

八路军驻新疆办事处纪念馆

疆军阀盛世才突然派特务包围了中共人员驻地，并软禁了陈潭秋、毛泽民、林基路等人。"从狱中对我父亲的审讯记录来看，敌人的目的有两个：一是迫使他承认中共在新疆搞'阴谋暴动'；二是迫使他反对苏联。为达此目的，敌人对父亲施以惨无人道的酷刑，让他在放有三角铁刺和渣碳的方砖上站了三天，用蘸水的麻绳抽打他，父亲的脚底板都烂了，浑身上下都是伤，但他始终坚贞不屈。看到父亲当时受到惨绝人寰的摧残，我差点晕过去，是心痛，但更多的是崇敬——父亲等老一辈革命人对党的事业抱有无比忠诚，任何钢鞭刺刀都无法刺穿他们坚定的信念。"

1943 年 9 月 27 日，陈潭秋被秘密杀害于狱中，时年 47 岁。"其实父亲完全可以躲过迫害，盛世才的叛变父亲早已察觉，好多人劝父亲去延安工作一段时间，但都被他拒绝了。"

"父亲牺牲后，周总理曾说过，潭秋同志一生的革命经历有一个很大特点：经常受命于危难之时。他顾大局，不计较个人得失，每次都能在形势非常不利的情况下正确应对，挽救危局，避免和减少了党的损失。"

"我还想再摔一跤"

在南开大学历史系工作的四十多年时间里，陈志远从普通讲师成长为知名教授，期间还担任过系党委书记。但不论角色怎样转变，为师的传道授业解惑始终是他最看重的。"大学老师是青年的良师益友。我常常结合父亲的经历，让学生们懂得一个道理：青年是人一生最重要的时期，青年人应该把自己的理想和国家的前途结合起来，在为国家、民族复兴的过程中，实现自己的理想和价值。"

1996 年，65 岁的陈志远从工作岗位完全退了下来。退休后的陈志远无暇颐养天年，天津市南开、高新等几个区经常邀请他为中小学生以及职工作讲座。为此，他还获颁"天津市关心下一代先进工作者"荣誉称号。"我就是发挥自己作为革命后代和历史研究者的优势，给他们讲讲。我给学生作报告时经常说，我们应该以革命先烈的坚定理想信念和高尚品德情操来充实自己的精神世界，把自己的理想跟人类的进步和国家的发展联系起来。"

两个月前，陈志远刚过八十大寿。因过早与母亲生死离别，他的生日无从具体查证。长大后，他自己把生日定在了 4 月 22 日——列宁的诞辰。

聊到日后的生活，耄耋之年的陈志远有个心愿——能再摔一跤。面对我的疑惑，他说："我逢九的年份都要摔一跤，1989 年骑车避让后车摔成骨折；

1999 年夜里走路绊了一跤摔成腰椎错位；2009 年下楼踉跄崴伤了脚。再摔一跤，那就到 2019 年。党的十八大报告说了，全面建成小康社会是党和国家到 2020 年的奋斗目标。那时的中国，必将有一个更大发展。而这正是我们大家想要看到的。相信另一世界里面的父母亲也将为此甚感欣慰。因为他们奋斗终生就是为了祖国的繁荣富强，就是为了实现中华民族的伟大复兴。"

◎ 链接：困苦决不是一人一家的问题

——陈潭秋写给哥哥的信

陈潭秋

陈潭秋，中国共产党的创始人之一。1933 年 2 月，由于形势日益吃紧，中共中央临时政治局被迫由上海向中央苏区转移。陈潭秋时任中共江苏省委秘书长，受组织安排将赴中央苏区工作。临行前，他给在湖北老家的三哥、六哥写了下面这封信。

三哥、六哥：

流落了七八年的我，今天还能和你们通信，总算是万幸了。诸兄的情况我间接的知道一点，可是知道有什么用呢！老母去世的消息，我也早已听得，也不怎样哀伤，反可怜老人去世迟了几年，如果早几年免受许多苦难呵！

我始终是萍踪浪迹、行止不定的人，几年来为生活南北奔驰，今天不知明天在哪里。这样的生活，小孩子终成大累，所以决心将两个孩子送托外家抚养去了。两孩都活泼可爱，直妹（徐全直）本不舍离开他们，但又没有办法。现在又快要生产了。这次生产以后，我们也决定不养，准备送托人，不知六嫂添过孩子没有？如没有的话，是不是能接回去养？

再者我们希望诸兄及侄辈如有机会到武汉的话，可以不时去看望两个可怜的孩子，虽然外家对他们痛（疼）爱无以复加，可是童年就远离父母终究是不幸啊！外家人口也重，经济也不充裕，又以两孩相累，我们殊感不安，所以希望两兄能不时地帮助一点布匹给两孩做单夹衣服。我们这种无情的请求望两兄能允许。

家中情形请写信告我。八娘子及孩子们生活情况怎样？诸兄嫂侄辈情形如何？明格听说已搬回乡了，生活当然也很困苦的，但现在生活困苦，决不是一人一家的问题，已经成为最大多数人类的问题（除极少数人以外）了。

（我的状况可问徐家三妹）

弟澄上

二月二十二日

◎ 品读

在这封家信中，陈潭秋用"流落"一词向家人概括了自己七八年来的生活经历。为了革命需要，他和妻子始终是萍踪浪迹、行止不定的人，几年来为生活南北奔驰，不得不把自己的两个孩子"送托外家抚养"，甚至连没有出生的孩子也"准备送托人"。这并不是他们不爱孩子。在那个年代，孩子寄养在别人家里，免得跟着自己受流浪之苦，这对于后代来说也算是一种好的安置了。出于革命大义，他们离家舍子，要在外干一番大事业，正是为了全国人民不再受流落之苦。从中我们可以看出陈潭秋为了革命的成功，勇于牺牲一切的高尚品格。

◎ 陈潭秋档案

陈潭秋，男，汉族，1896年出生，中共党员，籍贯湖北黄冈。1916年就读于国立武昌高等师范学校。1920年10月参加组织武汉的共产党早期组织。1921年7月参加中共一大。1924年秋任中共武昌地委委员长。1925年秋任中共武汉地委书记。1926年10月任中共湖北区委委员兼组织部长。1927年4月至 5 月出席中共五大，当选为候补中央委员。大革命失败后，任中共江西省委书记。1928 年任中共中央组织部秘书、江苏省委组织部长、中共顺直省委委员兼宣传部部长。1930 年 8 月任满洲总行动委员会书记；9 月参加中共六届三中全会，被选为候补中央委员；会后任中共满洲省委书记，12 月被捕。1932 年 7 月经党组织营救获释，任中共江苏省委秘书长。1933 年任中共福建省委书记。1934 年 1 月，当选为中华苏维埃共和国中央执行委员会委员，2 月任粮食部长。1935 年到共产国际工作。1939 年 5 月回国，任中共驻新疆代表和八路军驻新疆办事处主任。1942 年被军阀盛世才秘密逮捕。1943 年 9 月 27 日被害。

16.清凌凌的延河水，明亮亮的星海辉

——冼星海独女冼妮娜和父亲的故事

"父亲共创作上千首作品，保存下来的有几百首，我力所能及地整理父亲留下的手稿、曲谱和论文。"因冼妮娜没有接受音乐专业训练，在整理乐谱时遇到很大困难，时常为了准确记录父亲的乐谱，她要往返全国各地，找父亲的同学、学生核校曲谱。她和老伴微薄的退休金几乎都用在路费上。

冼妮娜经常凝望
父亲的雕塑

　　清晨，我轻叩冼妮娜的家门。登门采访前，通过史料我知道，冼妮娜与父亲冼星海在1939年创作的代表作《黄河大合唱》同龄。算起来，她也是年过七旬的老人。门应声而开，眼前的冼妮娜，眼大而明亮，溢满灵光，完全没有古稀之态。

　　随她进屋，这套七十余平方米的房间里上上下下堆满了各种书籍报刊，落脚要处处小心。门后、墙上也粘满了各种纸条，我凑上前翻看。"没有这些'猫胡子'不行，每天的事情太多"。冼妮娜说的"猫胡子"上记满了备忘录，每天的安排密密麻麻。有些"猫胡子"上也记着"语录"。

　　——"一个人只要有追求，他就不会老；一个人只要心态好，他就是快乐的，做快乐的人吧！"

　　——"我有我的人格、良心，不是钱能买的。我的音乐，要献给祖国，献给劳动人民大众，为挽救民族危亡服务！"有些语录后写着"录父亲冼星海之语"。

　　冼妮娜同父亲在一起的时光，加起来仅仅八九个月。多年来，她对父亲的了解都是通过母亲的讲述。退休后，她有更充分的时间整理父亲的遗作，收集父亲的史料、失散的作品。父亲在她的心目中形象愈发清晰，她渐渐地知道他是一个什么样的人……

延河的水声
送来父亲伏听的驼铃声

　　1939年，冼妮娜出生在延安的圣土上。那时，

冼妮娜家里墙上贴的"猫胡子"

延安是万千追求真理的青年所向往的热土。从 1938 年 10 月 到 1940 年 5 月，在延安的一年半时间，也是冼星海创作最富激情的一段时光。

冼星海自法国留学归国后就对延安抱有热切憧憬，他曾在给妻子钱韵玲的信中写道："中国现在已成了两个世界，国民党反动派完全堕落了，延安才是新中国的发源地。我们走吧，到延安去，那里有着无限的希望和光明。"正在这个时候，冼星海接到八路军武汉办事处转来的延安鲁迅艺术学院邀请他去任教的聘书和鲁艺音乐系全体师生签名的信件。"党在召唤，延安在召唤，这给父亲多么巨大的支持和鼓舞啊！"

"1938 年 10 月，父亲和母亲踏上了前往陕北的路程。延安！多么庄严美丽的古城，这是父母朝思暮想的革命圣地。这里的天是碧蓝蓝的，这里的地是金灿灿的，红光满面的青年吃着香喷喷的小米饭。这里到处是歌声，到处是笑声，自己动手，开荒种地，一派朝气蓬勃的景象。"

"陪伴着清凌凌的延河，父亲把对党、对人民、对革命事业的热切和热爱完全倾注在不知疲倦的工作中。白天他给鲁艺、抗大的学生上课，也和同志们一

起开荒。傍晚，他提着马灯，拿着打狗棍，翻山越
岭，步行十余里路，到延安各处教歌。深夜，又乘着
晚风，唱着歌，走回家来。常常到破晓，他还坐在如
豆的油灯下，面对窑洞沙沙作响的纸窗，创作革命
歌曲。我的母亲经常担心他过于疲劳，劝他早些休
息，但父亲总是笑着说：'我不累，你看我精神不是
很好吗?'"

"来到延安，父亲更加热心学习工农群众的音乐
语言。他非常喜欢陕北民曲民调中的感情，他把这种
感情用到自己的音乐创造中。他出身下层，做过贱
役，深深了解中国人民的重重苦难。他音乐中的情
感，不是旁观者的怜悯、同情，而是人民精神的原样
表露。"

"在延安，陕北的老乡、身边的同志、来自全国
各地的战士……都是父亲的老师。有时走在路上，听
老乡在唱陕北民歌，他马上掏出小本子，当场把它记
录下来；他曾到工厂里，到农村里，去倾听劳动者的
呼喊声，那一声声'哎嗨''呼嗨'都成为他笔下铿
锵有力的音符；他还蹲伏在延安桥儿沟路旁，倾听骆
驼铃声，一蹲就是大半天，收集各种驼铃声，后来，
这些'叮叮当当'的音符在他的音乐中，成为礼赞顽
强生命的乐章。"

"父亲一生的凤愿就是要用音乐拯救危难中的中
国，不顾一切，为党努力!"1939年6月14日，冼
星海加入中国共产党。"这是父亲生命中最光荣的
一天!"

回忆父亲生平，冼妮娜的眼眶盈满泪水。在她家
逼仄的客厅中央，有一张用旧木板拼成的桌子，上面

放着父亲冼星海的雕像。

老伴去世后，冼妮娜一直独居在这里。有时她看着父亲雕像，说几句话，她轻抚塑像，说她眉目最像父亲；有时她会在梦中见到父亲，"他脚蹬毡靴，身穿厚厚的灰旧棉衣，口里衔着大烟斗，伏案沉思，纵笔谱曲。"醒来枕上总染热泪，披衣起身，看窗前明月和天上朗星，听草间的虫声鸣叫，"像是延河的水声，送来父亲伏听的驼铃声。"

一曲《黄河》胜过千军万马

1939年3月，冼星海从诗人光未然口中听到《黄河大合唱》的朗诵，激发出他长期蕴藏在心中的思绪：华北战场上八路军游击健儿奋勇杀敌的场景，当年在中原腹地见到的黄河奔流咆哮，船夫们英勇搏斗的场面都活跃在眼前。

1940年，鲁艺音乐系部分师生在鲁艺窑洞前合影，冼星海怀抱着冼妮娜

冼星海把多年来对祖国命运的关注，对民族灾难的忧愤，对中国共产党领导的革命战争的颂扬，对抗战胜利的信心全部倾注在这部音乐创作中，犹如奔腾的黄河，一泻千里！仅仅用了六天时间，一部八个乐章、气势磅礴、震撼人心的《黄河大合唱》就创作成功了！

这一年 5 月 11 日，在庆祝鲁艺成立一周年的晚会上，冼星海指挥大家演唱《黄河大合唱》。"演出到《保卫黄河》时，父亲转向观众，带领全场高唱《保卫黄河》：'……保卫家乡！保卫黄河！保卫华北！保卫全中国！'台上台下歌声连成一片。毛主席坐在群众中间，随歌曲鼓掌，歌声一落，主席连声说了好几个'好'！"

周恩来总理在听《黄河大合唱》后也亲笔题词："为抗战发出怒吼，为大众谱出呼声。""那时的延安，有一批包括父亲在内的艺术家创作了很多深入人心的歌曲，奏响了那个时代的最强音。有人就说八路军与国民党的队伍，一听歌曲便能分辨出来。一曲《黄河》也抵上千军万马。"

七十多年过去，《黄河大合唱》依旧振奋心灵。"《黄河大合唱》，是所有中华儿女耳熟能详的旋律。无论在地球的哪个角落，只要有炎黄子孙的地方，都会为这嘹亮的歌声而动容。"2007 年"嫦娥一号"飞天，带去 32 首歌曲，其中就有《黄河大合唱》中的《黄河颂》，"这首歌，不仅在地球上唱响了，也在太空中唱响了！"

"父亲的《黄河大合唱》之所以有如此强大的生命力，就在于他的音乐从来没有脱离过脚下的热土，他的音乐从来没有脱离过群众，他谱写的每一个音符都在为中国、为群众呐喊！"

冼妮娜没有继承父业学习音乐，而是因祖国建设需要，在读大学时选择了工科，毕业后在大西北从事飞机制造工作。退休后，她把大部分精力投入父亲音乐的整理中。

"父亲共创作上千首作品，保存下来的有几百首，我力所能及地整理父亲留下的手稿、曲谱和论文。"因冼妮娜没有接受音乐专业训练，在整理乐谱时遇到很大困难，时常为了准确记录父亲的乐谱，她要往返全国各地，找父亲的同学、学生核校曲谱。她和老伴微薄的退休金几乎都用在路费上。

1997 年，在音乐老师谷学易的帮助下，冼妮娜开始系统整理《黄河大合唱》曲谱，她要把父亲留下的二百多页手稿翻成简谱，便于向大众普及。从编辑整理到最后出版，冼妮娜在这本书上倾注了八年心血。2005 年，冼星海诞辰 100 周年时该书出版。就在付梓印刷的前一天，冼妮娜还要求到印刷厂看校样，出版社劝她不用看了，"社里组织专业编校人员，校对了好几遍，不会有问题的。"但冼妮娜不放心坚持要去，她从早看到晚，还是在校样上发现了几处差错。"出版社很诧异，问我怎么看出来的。我回答说，'我是用了心的'。"书出版后，她拿到手，从头翻到尾，没发现问题，悬着的心才放下来，"这本书完好地出来，才算对得起父亲，对得起为这本书付出心血的同志。"

用一生聆听父爱如山

作为一个丈夫和父亲, 冼星海爱着自己的国家, 也爱着自己的家庭。"我出生时, 父亲为我起了这个浪漫的苏联式名字——妮娜, 希望我快乐地成长。父亲将我视为掌上明珠, 但不娇惯我, 像我奶奶教育他那样。"

"父亲是澳门'疍民'的孩子, 比渔民还低贱的最底层贫苦人民——只能居住在渔船上打鱼为生, 永远不能上岸生活, 不能进学堂读书, 也不能与当地人通婚。父亲出

冼星海全家在延安时的合影, 冼星海(左)、钱韵玲(右)、冼妮娜(中)

生前, 爷爷就为生活所迫, 在一次出海时遇难, 葬身大海。"

"1905 年初夏一个夜晚, 奶奶把父亲生在海边的渔船上。那天夜空繁星点点, 满天星斗倒映在波光粼粼的海面, 奶奶紧紧把他抱在怀中, 给父亲起名叫'星海'。从此, 母子相依为命。"

"我没有见过父亲多少次, 但一直觉得父亲未曾离开过, 每当夜里繁星璀璨, 就觉得是父亲来看我。"

"父亲是一位有着坦荡胸怀、赤诚心地、深沉而炽烈感情的人, 为了革命事业, 他远离祖国和亲人。

在严酷的战争环境里，离别的愁苦，病痛的折磨，都不曾使他放弃生活的信心和共产主义信仰。父亲曾说过：'在这个大时代里，我们要把自己的所能贡献给民族，贡献给党，不要时常挂怀着自己的幸福，因为我们的幸福是以解放民族、解放人类为目的的。'"

父亲坦荡赤诚的精神早就融进了冼妮娜的血液中。在冼妮娜家里，几乎没有一件成品家具，书架是女婿用集装箱改装的，桌子、凳子是女婿用废木板拼装的，这些简易的家具都没有漆过，裸露着古旧的原色。她一双儿女现今没有固定住房，租住在外。

当年，她随同江泽民同志赴哈萨克斯坦为冼星海故居纪念牌揭幕，江泽民曾关切地问她生活上有什么困难，她没有向组织提任何要求。而那时，她一家四口还住在工厂 14 平方米的收发室里，屋顶的老鼠夜里闹，会突然掉到他们脸上；她经常没有意识到自己穿的衣服被老鼠咬破，直到同事提醒她才感到尴尬。

冼妮娜对夏明翰的女儿夏芸的近况很关心

现在，七十多岁的冼妮娜很忙，她经常在去复印店或者邮局的路上，把菜捎带买了，回家简单做一做。传播和弘扬"星海精神"，还有很多事情要她去做。

结束采访与冼妮娜道别时，我想要一张她墙上粘的"猫胡子"作纪念，她爽快答应，拿下一大把摊到桌子上，让我挑。后来还是她替我取了一张，让我拿去——上面粘着《三毛流浪记》中的小三毛，写着："苦难是一份特殊的财富，并非每一个人都能拥有。"

◎ **链接：两地遥隔，能不依依**
　　——冼星海写给妻子钱韵玲的信

　　当中华民族到了最危险的时候，音乐也成为战斗的武器。冼星海，曾化名"黄训"，是著名的"红色音乐家"。他创作的《军民进行曲》《生产大合唱》《黄河大合唱》等歌曲，鼓舞了全国军民抗日救亡的壮举。1940年5月，冼星海赴苏联为大型新闻纪录片《八路军与老百姓》作曲配音。不久，苏联卫国战争爆发。在战争残酷的日子里，他与苏联人民一道过着极度困苦的生活。在他去世后，毛主席曾题词："为人民的音乐家冼星海致哀！"

　　下面是他在苏联期间以"黄训"署名写给妻子钱韵玲的信。

玲：

　　匆匆别后不觉已届两度寒暑，两地遥隔，能不依依？时为秋凉，尤望加衣珍重。别后想必学业进步，身体健康。我在这里身体比前健壮硕大，精神健全，食欲增加，工作更比以前进步，见识亦较以前广泛，身心非常愉快。

妮娜在你殷勤爱护之下，必定很幸福地过她的生活，亦必比以前更天真活泼了。她这一幅（副）小面孔，我时常都怀念着她，今年她是两岁了，长大一些还是送她到幼稚园，免得你分心，有碍工作和学习。

我们今后更要进一步地锻炼自己，尤其是处事、待人、接物的各方面。我总有这样的感想，我们一天比一天进步，但我们在现在的环境，应该更努力去学习和工作。比学习和工作更重要的就是锻炼自己的不屈不挠的精神，苦干和谦虚的精神，我相信你比我做得更好，我时常提及无非就是勉励我们加紧日常生活。的确地我在将近两年的时间，我得到许多宝贵的教训和经验，我想在不久，我们可以见面团聚彼此交换一些过去经验和意见，又是何等愉快的事呢。现在你更要安心工作，我回来时必定带给你许多安慰和愉快。

妈妈生活不知道怎样?！我怀念着她如同怀念着你们一样，我深怕老人家生活又成问题！你是否仍然每个月给她写信？你可记得这一件事，不然老人家在上海是孤苦无靠的怎样度过这样的生活呢？或许你明白我为什么许久没有给你写信的原故，现在因有机会可以带信，顺便写几行，聊解你和妮娜的远念。愿努力、珍重！

代候好友们的安好　不另

黄训

一九四一年九一八

◎ 冼星海档案

　　冼星海，1905 年出生于澳门。1920 年入岭南大学附中。1924 年入岭南大学文科。1926 年年初考入北京大学音乐传习所，同年夏重返岭南大学读文科。1928 年 9 月考入上海国立音乐学院。1929 年加入进步文艺团体南国社。1930 年 2 月到巴黎。1931 年考入巴黎音乐学院。1935 年学成回国投身抗战。1938 年 4 月，任国民政府军事委员会政治部第三厅音乐科长。11 月到延安，在鲁迅艺术学院任教。1939 年 5 月，任鲁迅艺术学院音乐系主任，6 月加入中国共产党。1940 年 11 月受党中央委托到达莫斯科，完成抗日新闻纪录片《八路军与老百姓》的作曲配音任务。1945 年 10 月 30 日，因病在莫斯科逝世。

17. 相聚虽短，亲情绵长

——访任弼时之女任远芳

任远芳以前一直用"陈松"这个名字，直到新中国成立后才改回现在的名字。"我爸爸的姓太惹眼了，为了避嫌，不搞特殊化，我就把自己的名字改成了陈松。现在，还有和我住了二十多年的老邻居，都不知道我是谁的孩子。"几十年来，任远芳就在这栋普通居民楼里过着平凡人的生活。

任弼时是中共第一代领导集体的重要成员，是党的七大选举出的"五大书记"之一。他16岁参加革命，46岁英年早逝。回望三十年的奋斗生涯，他与

2014年夏，任远芳与丈夫在家中合影

家人团聚的时光何其短暂。相聚虽短，亲情绵长，他的革命精神一直在任家后代中流传。

任远芳是任弼时的三女儿。在约访的电话里，任远芳留下我的手机号，挂了电话。不一会儿工夫，一条很长的信息发来：到她家坐几路公交车、到哪一站下车，详细清楚。6月初的一个早晨，按照任远芳短信里的"攻略"，我很顺利地找到她位于北京北四环外的家。家门口，一位眉目慈祥的老者已伫立等待，他是任远芳的老伴武盛源。任老也满脸笑容地迎来。"您发短信很快啊。"我在任老面前表达了佩服。"习惯啦，我最怕别人没有手机，打电话要花好多电话费，发个短信又方便又省钱。"任远芳经常参加公益活动，有些活动她还是"出力又出钱"的召集者。我在沙发上看到几份活动手册：有红军小学的启动仪式，有任弼时精神宣讲活动等。采访当天，北京的气温有些高。武老耐心地调整风扇角度，不一会儿，又端来咖啡。任老出生在苏联，习惯喝咖啡。他们的温情，伴着浓郁的咖啡香气，在不大的房间弥漫开来。过往的时光，也随着任老的讲述慢慢铺展开来……

不知父亲是谁

任远芳以前一直用"陈松"这个名字，直到新中国成立后才改回现在的名字。"我爸爸的姓太惹眼了，为了避嫌，不搞特殊化，我就把自己的名字改成了陈松。现在，还有和我住了二十多年的老邻居，都不知道我是谁的孩子。"几十年来，任远芳就在这栋普通

任弼时、陈琮英怀抱着童年的任远芳

居民楼里过着平凡人的生活。但又和多数战争年代的革命子女一样，在那个特殊的革命环境中，他们从一出生便开始了不一般的人生。

1938 年 12 月，任远芳出生在苏联首都莫斯科。父亲任弼时当时是中央驻共产国际代表。1940 年 3 月，父亲因工作需要回国，却无法带着一岁的小卡佳（任远芳乳名），便把她留在莫斯科的一个剧院让人照看着。之后，德国攻进莫斯科，小卡佳被送到莫斯科郊外的伊凡诺沃国际儿童院，那是苏联专门收养各国共产党员子女的机构。她在这里一待便是 11 年。和她一起长大的还有三四十个革命子女，像毛泽东的儿子、瞿秋白的女儿、朱德的女儿等等。"大的十几岁，小的才一岁多点，像我一样。我们住在一个大房子里，平时都睡一个房间，按年龄大小分进不同的班级上学。"

"伊凡诺沃国际儿童院的生活并不像传说中的优越。牛奶只有那些瘦小的孩子才有，其他人只有面包，而我小时是个胖子，叫个什么'小狗熊''小苹果'，所以也没奶喝。"任远芳笑着回忆。"我们都小，不知道自己为什么在那，不知道父母是谁，也没人告诉我们。"任远芳说。那期间，对于亲情，她完全没概念，小伙伴们就是最亲密的人。

书信里找回父爱

如果不是父亲到莫斯科养病，任远芳也不会明白，原来"有人管着，有人关心，有人给零花钱，有人帮盖被子"的滋味是如此美妙。

1949 年 12 月初，中共中央让陕北时期的"五大书记"（毛泽东、刘少奇、周恩来、朱德、任弼时）之一的任弼时到莫斯科养病。自 16 岁起近三十年艰苦的革命生涯，摧毁了任弼时的健康，才四十五六岁的他就被高血压、糖尿病折磨。1950 年元旦，任远芳在国际儿童院老师的带领下，来到父亲养病的巴拉维赫疗养院。这是她记事以来，第一次见到父亲。

"没什么感觉，没上演父女情深、泪流满面的场景。那时，也不懂父爱，都不认识他。他让我叫爸，我没叫。而且，我老躲着他，不敢接近他。在他身边待了一天，我就提出要回儿童院。"但是，到底是血脉相承，和父亲相处一个礼拜后，任远芳终于在他浓浓的关怀中，开始有了依恋之情。她将这些心情诉诸笔端。

"一开始，他问我学习好不好。我说，成绩还不错，小学四年以来，各科成绩全是优。他很高兴。完了，他教我中文。这是我第一次接触中文。他在一张纸上，很工整地写下'大、小、人，姐姐、哥哥、弟弟'，然后，就在旁边写下相对应的俄文，告诉我怎么发音。"

"一个礼拜后，因为要上学，我离开了爸爸。在临行前一天，因为不舍得，哭了。后来，我们就频频写信。"半年时间，父女的往返书信有三四十封。这些信，一直被任远芳悉心保存着。父亲走后，任远芳时常翻看书信，父亲的音容笑貌跃然纸上。

　　1950 年，父亲在莫斯科养病半年后，任远芳和他一起回国。回国的列车从莫斯科出发，行进了十天十夜，到了中国满洲里换车头。停站时，任远芳下车到商店里买东西，遇到一位男同志用俄语问她："和你一起坐车的是谁，叫什么名字，干什么工作的？"任远芳这才想起，自己不知道父亲是做什么工作的，于是便问爸爸。"而爸爸像自言自语地对我说，'我干一般工作，坐办公室'。"一直到父亲去世以后，任远芳才知道父亲的工作。回国后，到北京育英小学上学的五个月中，是任远芳在父亲身边最长的日子。"但父亲也很忙，时常外出，匆匆忙忙的。"任远芳从不缠着他讲革命斗争的经历，照她的说法是，"不懂，没那需求，也没那觉悟。"但那期间，父亲帮助她适应新的环境，融入这个大家庭。她开始使用自己的中文名字"任远芳"，也开始和母亲、姐姐及弟弟交流。

　　任远芳说，父亲也很疼她，但疼并不等于溺爱。回国不久，在伊凡诺沃国际儿童院的其他三十多个孩子也陆续回国了。他们中很多人不知自己的父母是谁，也不懂中文。于是，组织上

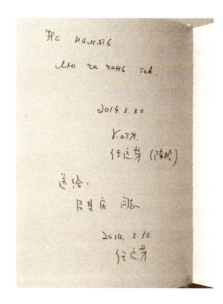

任远芳赠给作者书上的中、俄文签名

决定让这些人去哈尔滨上学，继续学习俄语。

那时，任远芳也很想和他们一起去那里上学。但父亲不同意，怕她不适应，也想给她提供一个学习中文的好环境。于是，便把其他几个家里不同意去哈尔滨读书的女孩子，像邓发的女儿邓金娜、曾三的女儿曾芳兰等，接回家中跟她一起住。

同样让任远芳记忆深刻的是，每到休息时，父亲会和他的秘书下象棋、跳棋。后来，任远芳经常扯着秘书跟自己下棋玩，但她时常会因为输棋而发脾气、耍赖。可是父亲并不因为她年纪小而迁就她，而是严肃地批评她，让她意识到自己的错误。

然而，美好的时光总是短暂的。在1950年9月的一天，正在育英小学读书的她和弟弟任远远一起，突然被人接回家中。

她一开始不明白发生了什么，只是看到，父亲闭目躺在床上，她去摸他的手，"还有点热乎"。"然后，看到一屋子的人，哭哭啼啼的。知道，可能不太好了。以后可能再也看不到父亲了……"

在父爱中体会简单

对于当时的任远芳而言，父亲是生命中最重要的人，父亲走后，她的生活支柱、精神寄托就是母亲陈琮英了。陈琮英用自己的行动教育和影响他们：孩子从小不能随便搭乘家长的车，不准浪费，不准挑剔，也不准随便发脾气。"父亲走后，组织上每个月补贴20元。"任远芳掰着手指算了算，"算高了，那时每月吃饭才 8 元，还有 12 块供花销，因而，我们也有点零花钱。"日子不紧不慢地过着，她的小学、中学，都非常顺利。

但弟弟任远远的英年早逝，对这个家庭又是一次沉重的打击。"母亲特别喜欢弟弟任远远。弟弟在 1995 年，55 岁的时候患癌症去世了，但家中女儿没一个人敢告诉母亲，都瞒着她。她问，就说是出差了，出国了，反正是有事去了。"任远芳也不知后来母亲知道真相了没有，但在母亲去世之前，她也一直没跟身边的人问起。

毕业后，任远芳的第一份工作是在北航（即北京航空航天大学），负责购买飞机的业务。"现在救灾时用的直升机，米 –8、米 –17，你知道不，就是那种又绿又白、迷彩服的那种飞机，就是我们当时买的。那还是在六几年的时候，年代挺远的。"她兴奋地说，神情里掩盖不住一股骄傲。

任远芳的先生武盛源，毕业于北航外语系，是任远芳的好友曾芳兰的同学。1967 年，36 岁的武盛源能力出众，被调到外贸部工作，后被调入财政部。"那时，大学里不让恋爱，我和我先生，是后来通过曾芳兰介绍的。"她笑着说。

36 岁的武盛源碰上近 30 岁的任远芳，结婚、生子就成了顺其自然、水到渠成的事情。"我现在有一儿一女，当了姥姥，马上就要当奶奶了，特幸福。"或许是受到父亲的影响，任远芳特别珍惜家庭的温暖。为了照顾儿女，维持家庭的和谐，她还曾在事业最辉煌的时候，选择了换工作，进入了离家只有五分钟车程的一个中机公司。因为俄语好，在中机公司，她做的是俄文翻译。"每天要跑跑腿，买飞机票、火车票，带外宾参观长城啊，都是些琐碎的事情。"任远芳说。但她一直很满足，"父亲生前担负着沉重的担子，走着漫长的艰苦的道路，没有休息，没有享受，没有个人的任何计较。我作为他的子女，应该传承他的这种精神，只要有事情做，做的事情对国家对社会有意义就行了。"到 2003 年，任远芳退

全家福。左起：任远志、陈琮英、任远芳、任远远、任远征

休了。退休后的日子里，她的生活依然丰富而简单：游泳、唱歌、跳舞、弹琴、学习电脑、参加活动……

采访快结束时，任远芳拿出了一本《任弼时》的画册，缓缓打开，指着一张照片，久久凝视——那是她和父亲任弼时在 1950 年的合影。她语调深沉地说："我身边一直有父亲的影子，我很想念他。"

◎ **链接：带着知识回国**

——任弼时给女儿任远芳的信

亲爱的卡秋莎（任远芳的俄文名字——编者注）：

今天（一月二十日）午饭后我一下子收到了你的三封信（一月十三日、十五日、十六日）。你走后，

我也给你寄去了两封信，第一封（十四日写的）我想你已经收到了，第二封（十七日写的）你大概明后两天即可收到。

卡秋莎！你在最后一封信里提出了回国的问题。我不懂你为什么产生了这种愿望，我记得，你刚来我这里时曾说过，你不想回国，也根本不想念爸爸和妈妈，可你为什么在我这里暂住一段时间之后就改变了主意呢？

关于回国还是留在苏联这个问题，我还想和你商量一下，然后我们再作决定。

一、回国当然有有利的一面。第一，你作为中国姑娘可以尽快学会中国话，这对你今后来说是非常必要的；第二，你将更多地了解中国人民的生活和斗争，这对你也非常重要；第三，你将和父母以及兄弟姐妹们生活在一起，这对你看来也是需要的。但也有不利的一面，那就是因为你不会讲中国话，你回国后第一年只能学中文，然后才能上学（当然也可以在学校里学中文），你将耽误一年的学习。

二、你如留在苏联学习，这也有好的一面：第一，你不会耽误一年的学习；第二，你大学毕业之后，你不仅完成了高等教育，而且将精通俄语。当然也有不好的一面，就是你无法学会中文，这对你今后来讲是莫大的困难，此外你完全脱离国内的生活。

这就是供你选择的具体情况。我想你最好留在苏联继续学习，完成大学教育，然后带着专业知识回国，这就是你在这里的时候我向你说的。

但这一意见绝不是最后决定，你完全可以自己考虑对你怎样更合适。如果你坚决要回国，并像你在最后一封信中所说的，如果我不带你回国，你将永远哭泣、思念，而且还会影响学习，那我将在莫斯科治疗后带你一起回国。

再见！

热烈地吻你！

等你的回信！

给你寄上四张照片。

你的爸爸　布林斯基

一月二十日写

一月二十二日寄

◎ **任弼时档案**

任弼时（1904—1950年），男，汉族，伟大的马克思主义者，杰出的无产阶级革命家、政治家、组织家，中国共产党和中国人民解放军的卓越领导人，以毛泽东同志为核心的中国共产党第一代中央领导集体的重要成员。

18. "硬骨头精神"传后人

——访"独臂将军"贺炳炎的长子贺雷生

贺雷生的家是一处面积不大的平房，屋里挤满了"红色元素"，有革命前辈的画像，有各个时期的军功章等，但最显眼的是悬于客厅正中的一幅贺炳炎将军画像。画中"独臂将军"纵马驰骋，英姿飒爽。贺雷生指着画像说："你看我父亲多威武。丹心照日月，独臂建奇勋，这是父亲一生的写照。"

毛泽东、周恩来、刘少奇、朱德、宋庆龄、董必武等党和国家领导人与部分共和国将帅于 1959 年在天安门城楼上合影（后排左二为贺炳炎）

贺炳炎是中国人民解放军著名高级将领，共和国 57 名开国上将之一，因在战斗中负伤截去右臂，被

贺炳炎与夫人姜平合影

称为"独臂将军",在军史上留下了浓墨重彩的一笔。生前,贺炳炎长期与贺龙一起战斗,是贺龙元帅的一员爱将。贺龙之女贺捷生曾饱含深情写下《钢铁将军贺炳炎》一文,回忆了父亲贺龙与贺炳炎彼此欣赏、互为依靠的深情厚谊。贺炳炎的"猛悍"在军中是出了名的,打起仗来不要命,有"万夫不当之勇"。在战争中,凡遇到险仗、恶仗,不论贺炳炎是否在身边,贺龙都会大喊一声:"贺炳炎,上!"听到这样的口号,将士们仿佛有了"主心骨"。长期艰苦的战争生涯,使贺炳炎将军伤痕累累、积劳成疾。在1960年7月1日党的生日那一天,贺炳炎在成都病逝,贺炳炎去世的消息报告到贺龙元帅那儿,贺龙特别伤心,"那些天,我记得父亲总是泪蒙蒙的,他不时叹声连连,喃喃自语。一会儿说,可惜了,太可惜了!他还那么年轻,连儿女都没有长大。一会儿又说,也难怪，他就是为中国革命战争而生的，20 年枪林弹雨，出生入死，他把身上的血和力气都掏干了。"贺捷生在文章中写道。

贺炳炎去世时，年仅 47 岁，是开国上将中最早去世的，也是去世时年纪最轻的一位。英年早逝，成为亲人们心中永远的痛。贺雷生是贺炳炎的长子，1944 年生在延安，因出生时下雨打雷，故贺炳炎给他取名贺雷生。在贺雷生幼年的记忆里，父亲早已不复当年的威武。每次帮父亲洗澡，对贺雷生来说，都是心灵的极大折磨。"二十多年的南征北战中，父亲身上的伤疤密密麻麻数不清楚，身上的皮肉是皱巴巴的。但人前，父亲总是一身戎装，给人的印象是健康、硬朗、乐观的。"

年轻时的贺雷生魁梧挺拔，继承父业，也是一名军人。10 月下旬，我来到他深居北京官园一处胡同的家中采访。甫一见面，他给我看胳膊上留下的输液胶带。前一天，他心脏突发状况，还进了抢救室。"我顶了一天，没事了，就要求出院。我要回来接受你的采访，完成任务，哈哈！"这爽朗的一笑，是他对无情的岁月和疾病的蔑视，"身体可以老，但精气神不能老！"

贺雷生的家是一处面积不大的平房，屋里挤满了"红色元素"，有革命前辈的画像，有各个时期的军功章等，但最显眼的是悬于客厅正中的一幅贺炳炎将军画像。画中"独臂将军"纵马驰骋，英姿飒爽。贺雷生指着画像说："你看我父亲多威武。丹心照日月，独臂建奇勋，这是父亲一生的写照。"

2010 年 6 月 29 日，贺龙之女贺捷生将军（三排左十一）和贺炳炎子女等来宾参观宜都市贺炳炎红军小学时与部分师生合影（曹礼达摄影）

贺炳炎的骨头，是共产党人的硬骨头

"我父亲 16 岁就当了红军，拿着大刀上战场。我爷爷贺学文是贺龙的属下，后来壮烈牺牲，父亲成了孤儿，贺龙就把他接到身边。因父亲骁勇善战，陆续升任红四军警卫中队队长、大队长。能征善战的名气越打越大，每次战斗都冲锋陷阵，以命相搏。"贺雷生讲述。

贺炳炎最惨烈也最动人心魄的壮举，发生在 1935 年 12 月。当时，为阻断南下的敌军，他带领的红十五团担任先锋部队。在激烈的战斗中，他的右臂被威力巨大的达姆弹击中，骨头被炸得粉碎，整条手臂像条低垂的丝瓜吊在膀子上。因大量失血，他当场昏了过去。

"红十五团一鼓作气打败敌军后，父亲躺在阵地上昏迷不醒。贺龙听到父亲受伤后，飞马赶了过去，临时搭起急救棚抢救他。军团卫生部长贺彪向贺龙报告，说我父亲的右臂保不住了，必须齐根锯掉。贺龙听后急了，质问贺彪，贺炳炎的右臂怎么能锯掉呢？你知不知道，这只右臂抵得上我一支部队?！但为了保住父亲的命，贺彪和另一个医生还是按住父亲手臂，像锯木头一样，吱吱嘎嘎锯起来。当时没有吗啡，已经清醒过来的父亲闭目咬牙，汗如雨下，血顺着他的右臂和锯子两端流了下来，滴滴答答，如同屋檐滴水。手术近三个小时，父亲把医务人员塞在嘴里的毛巾都咬烂了。"

回忆父亲当时所受折磨，贺雷生的眼角泛起泪花。"手术后，贺龙元帅掏出一块手帕，小心翼翼地捡起几块碎骨，包起来揣到怀里。贺龙对父亲说，我要把它们留起来，长征刚开始，以后会遇到更大的困难，到时我要拿出来对大家说，这是贺炳炎的骨头，共产党人的骨头，你们看看有多硬!"

截去右臂的贺炳炎，六天后就从担架上爬了下来，开始练习用左手用枪用刀。从 1929 年参加红军到新中国成立，贺炳炎打了 20 年仗。期间，在失去右臂的情况下走完长征，负伤 11 次，身上伤疤不计其数。1955 年，贺炳炎在成都军区司令员的位置上被授予共和国开国上将。在怀仁堂用左手向毛泽东敬礼时，毛泽东说："贺炳炎同志，你是独臂将军，免礼。"

把父亲的"硬骨头精神"传下去

新中国成立后，贺炳炎先后担任四川省军区司

令员、西南军区副司令员、成
都军区司令员。"生活条件比
战争年代好很多,但父亲对我
们却非常严格。每逢我们吃菜
挑挑拣拣,或者贪玩耽误了
学习,父亲就非常生气地训
诫我们:你们是身在福中不知
福!你们现在吃得饱饭,上得
了学,是多少叔叔伯伯流血牺
牲换来的,你们还挑肥拣瘦,
掂斤论两,老是贪玩,不专心
读书,对得起谁?父亲还常对
我们说,光吃现成的不行!我
们一有空闲,父亲就带我们种
地,教我们拔草、挑水。"

1959年,贺炳炎
与家人在成都合
影。前排左起:
贺京生、姜平、
贺炳炎、贺燕生;
后排左起:贺北
生、贺雷生、贺
陵生

"父亲生前极力反对我们有'闹特殊'的思想。
有一次,我发烧,想用下父亲的车把我送到医院,但
父亲拦下了,说这车是工作的,不能给我们私用。"

1960年7月1日,贺炳炎多病并发,因病去世。
7月5日,成都军区(注:2016年2月,大军区体制
终结,战区启动,成都军区裁撤)在北校场举行公
祭,20万军民冒雨为他送行。贺炳炎去世后,留给
家人的只有二十多元的积蓄,但他的"硬骨头精神",
却一直留给了后人。

"父亲走后,我们兄妹几个都还小,我是家中老
大,16岁,还在上中学,母亲就一人支撑起我们这
个家庭。母亲也是红军,他俩是在行军途中认识的。
生前母亲随部队出生入死,做医护工作。"

贺炳炎的妻子姜平是将门之后，她的父亲姜齐贤，后来被授予少将，当过农垦部副部长。她生前走完长征，参加的战斗无数，但直至去世时，她的身份依然是一名普通红军，没有任何职务。"母亲一生对权对利没有任何要求，她常教育我们：对比我们地位高的人，要走得远一些；对比我们地位低的，要多去帮他们。母亲生前就常去她和父亲战斗过的革命老区，并把钱和物资留给当地困难的老乡。至今，家里还有很多母亲和老乡们在一起的合影。"

母亲常拿父亲的经历给我们举例，父亲一生失去右臂，但仍旧能出色地完成战斗任务。她常说，名利和权贵这些东西都是过眼浮云，但人要是有了一种强大的精神，就可以创造出一个又一个的胜利。到了人生最后的岁月，母亲还记得父亲在长征中说过的一段话："我只有一只手，还要活着去看胜利的曙光。同志们，你们有两只手，更要活下去！"

"硬骨头精神"，是对祖国命运的担当

心中有坚韧的精神，脚下便有无尽的长路。作为将军后人，贺雷生深知自己要对祖国多一些担当。"父亲是为了这个国家有更好的未来而流血，我们又有什么理由不深爱这片土地？！"

20世纪90年代，贺雷生退休后，就把所有精力倾注到革命老区的教育事业上。最初，他在父亲的祖籍湖北省宜都市江家湾镇建立了以父亲的名字命名的小学——贺炳炎小学；现在，这里叫"中国工农红军

贺炳炎红军小学"。之后，他又在附近的镇上建立了炳炎中学。这两所学校凝聚了他和家人的心血，一砖一瓦、一草一木都留下他的关切。

采访期间谈到学校情况时，贺雷生突然想到天气变冷，要给学校贫困学生加过冬的衣服，便拿起电话给校长打过去。电话里，他能清楚地叫出贫困学生的名字，并叮嘱校长马上办，置办衣服的费用由他解决。一向如此，凡是学校没办法解决的经费，都是贺雷生自掏腰包解决，他还把爱人的工资也搭了进去。现在这两所学校已正常运转，并成了当地小有名气的学校。

在父亲祖籍地的两所红军学校步入正轨后，贺雷生又萌发了在全国各地系统建设红军小学的想法。最终，这个想法的落地发生在 2006 年的一次贵州之行。"一批共和国的将领之后重走长征路，老区的落后状况打动了这些人，我们决定要为老区做点力所能及的事。"

"我们的工作就是利用自身的影响力募集资金，在老区助建小学。"贺雷生说，募集的资金通过中国青基会划拨，清清楚楚的，把好事办好。2008 年 8 月 1 日，第一个红军小学在贵州遵义娄山关建成。之后，周恩来红军小学、粟裕红军小学、小平红军小学、习仲勋红军小学、罗荣桓红军小学等相继授牌。"我们计划在中国工农红军战斗过的地方和贫困地区建设一百所红军小学。到目前，全国共有近九十所红军小学已经立项或正在立项、已经完工或正在建设中。"

"我们作为共和国的一个特殊群体，不会忘记，也不应该忘记革命老区对我们父辈事业的支持。"贺雷生说。

红军小学大多建在偏远山区，从前期的选址、筹建到后期看望师生，这些年来贺雷生不知走了多少路。路途遥远、交通不便，在反反复复的舟车劳顿中，贺雷生消瘦很多，头发也慢慢掉光了。但多少年来他都没有退缩，乐在其中。"我相信，红军小学的孩子们会成为一颗颗火种，把追求崇高、不怕困难、不断进取的红军精神点亮，产生正能量，影响更多人。"

在父亲那幅人高马大的画像下，贺雷生的眼神坚定而充满光芒。"每个时代有每个时代的事业，父辈为了国家解放而奋斗，到了我们这一代，要为实现中国梦而奋斗。虽然事业不同，但精神是相通的。父亲身上那股共产党人的'硬骨头精神'，会支撑我做好这份事业！"

◎ 链接："趁着还活着，多为党为人民做点事"

——妻子姜平写给贺炳炎的信

1941 年春至 1944 年秋，贺炳炎赴延安军事学院及中央党校学习，并参加了延安整风运动，学习期间他与姜平结婚。姜平 1937 年参加中国工农红军，1947 年加入中国共产党，毕业于抗日军政大学。在婚后的日子里，贺炳炎与姜平相互扶持，留下一段伉俪情深的革命爱情故事。下面是姜平写给贺炳炎的一封信。

　　我记得你经常教育我说："一个共产党员，时时刻刻考虑的是党的工作，不应该考虑自己。"我记得在 1947 年你刚调到一纵队工作，我们的第二个孩子出世了，我把这个消息告诉了你，虽然你离我们住的地方只有几十里，为了工作，你就没有回来看看。根据你的病情和健康状况，党委决定让你休养，但你只要能行动总还是要坚持工作，阅读文件，参加会议，有时开着会就坚持不下来。根据组织上交给我的任务，我常劝你养好病再去工作，你总是认真而严肃地对我说："我要趁着还活着的时候，多为党为人民做点事才对。"你最关心的是党的事业，我一定把党分配给我的工作做好。你最关心的是同志，我一定学习你舍己为人的精神关心别人，爱护别人。

姜平

◎ 贺炳炎档案

　　贺炳炎，湖北省松滋县刘家场镇姜家湾人。1929年随父贺学文加入中国工农红军贺龙部，任贺龙警卫员。同年加入中国共产党。在担任警卫员的经历中，贺炳炎多次负伤，但屡建奇功，保证了红二军团指挥机关的安全。历任战士、班长、排长、骑兵连连长兼政治指导员、洪湖军校区队长。1932 年起，历任红三军手枪大队区队长、大队长、襄北独立团团长、红八师二十二团团长。1933年起，任红二十团团长、红二十九团团长、新兵大队队长、黔东独立师师长、红六师十八团团长。1935年11月，贺炳炎被任命为红二军团红五师师长，率部参加长征。抗日战争爆发后，贺炳炎任八路军120师358旅716团团长，前往山西参战。1938年12月，贺炳炎出任120师第3支队支队长。1940年，贺炳炎升任358旅副旅长，参加百团大战。1941年，贺炳炎调回延安，先后在延安军事学院和中共中央党校学习。1944年11月，贺炳炎奉命率部南下，任江汉军区司令员。抗战胜利后，贺炳炎调回山西，在晋北和绥远一带作战，历任晋北野战军副司令员、晋绥第三纵队副司令员兼第五旅旅长、西北野战军第一纵队司令员、中国人民解放军第一军军长等职。后率部进入青海，任青海军区司令员，后任成都军区司令员等。1955年被授予上将军衔。1960年7月1日于成都病逝。

19. 从父亲的日记中重获父爱

——访著名抗战将领王孝慈之女向里南

王孝慈去世后，向里南在整理父亲遗物时，意外得到一箱父亲的日记。这些日记的时间跨度很大，从新中国成立，一直到父亲退休。向里南翻看日记，逐字逐句地读着，触摸着父亲的笔迹，父亲的一生浮现在她面前。

20世纪80年代，在北京西便门铁道部住宅区的大院里，人们经常能看到一个穿着洗得发白的灰衬衣和蓝布裤子的老人在清扫院子。他深深地弯着腰，额头及颈部的青筋怒凸着，那满头白发随着他手臂一下一下地挥舞而在风中散乱。这个画面，一直像电影画面在向里南的记忆中回放。这位清扫院子的老人，就是向里南的父亲、著名抗战将领王孝慈。新中国成立后，他先后担任过北京铁道学院（今北京交通大学）院长、党委书记，甘肃省副省长、甘肃省政协副主席和全国政协常委。"除了生病卧床，十多年的时间里，寒来暑往，不论刮风下雨，都没能改变父亲扫院子的劳动习惯。雨水积在路上时，他用簸箕将水铲起倒进路边冬青树下。下雪后，他将雪堆到大树周围。"这些年，向里南经常会去父亲住过的这个院子走走，看

1989 年全家福

着大院里干死的大树和冬青木，向里南不禁想，要是父亲活着，这些树木就不会死了。

父亲是座无言的山

　　向里南是王孝慈的女儿，她出生时，正是解放战争决胜阶段，父亲在沙场跃马作战，她在炮火连天的马背上熟睡。新中国成立后，响应祖国建设需要，父母调整工作、在各地安家是常有之事，对于向里南来说，很难说哪里是故乡。直至 20 世纪 70 年代，她从首都医科大学毕业，分配到北京友谊医院，当了一名眼科医生，定居在北京，才算安顿下来。这时，大半辈子在枪林弹雨、南征北战中熬过的王孝慈也到了耄耋之年，此后，向里南一直生活陪伴在晚年的父亲身边，直至父亲去世。

　　"父亲 87 年的人生旅途中，有 34 年是远离家庭，独自一人度过的，如果从 18 岁离开老家渭南，投身革命算起，则有一半时间是他一个人生活的。这样的经历塑造了他独立、坚毅的性格和品质。直到晚年，他仍坚持自己洗衣服，他一生从未脱离过劳动人民的本色。"在向里南的心中，父亲从不是一个慈父的形象，而是一座沉默的山，或是一棵沉静的树，即便有时会有与他心灵沟通的渴望，但面对父亲沉默甚至严肃的脸庞，她又欲言又止。"父亲从不跟我们讲他的人生经历，这或许是地下党人的习惯。他用过很多名字，王孝慈，这个名字是 1933 年被党中央派往山西任山西省委组织部长时改用的。"所以，尽管在父亲身旁多年，向里南从未真正走进父亲的内心世界。这也是向里南一直以来的遗憾。

　　王孝慈去世后，向里南在整理父亲遗物时，意外得到一箱父亲的日记。这些日记的时间跨度很大，从新中国成立，一直到父亲退休。向里南翻看日记，逐字逐句地读着，触摸着父亲的笔迹，父亲的一生浮现在她面前。父亲传奇的革命生涯吸引着她，父亲笃定执着的信念打动着她，而每每读到父亲为革命所受的苦难，她又如锥刺心。"父亲很早就认清了旧社会的不公平，他看不惯军阀、大地主欺压鱼肉百姓，他在 1928 年就参加了渭华起义，后与刘志丹等率领的部队会合与国民党反动派进行殊死斗争。之后，一直随同党组织参加革命战斗。他的革命生涯充满坎坷，曾三次被国民党反动派逮捕，被监禁六年多时间，严刑拷打是经常之事，经历了人间炼狱。"向里南与我对面而坐，语调平缓，父亲的革命经历她如数家珍，

"父亲坚定地信仰共产主义，历经磨难仍忠贞不渝。每次处于艰险困苦之时，他总是在日记中一遍又一遍地抄写《国际歌》，并反复吟唱。共产主义的理想给他无穷的勇气和无尽的力量，共产主义精神是他终生行动的指南。"

父亲是一把土

手捧父亲的日记，向里南如获至宝，连续几天，她废寝忘食，沉浸在父亲的世界里。父亲仿佛又回到她的身边，沉默寡言的父亲变得熠熠有神。"父亲一生没有什么特殊爱好，除了读书还是读书。《共产党宣言》翻破了好几本，读书心得写了一百多册。他是共产主义的斗士，把自己的一生都献给了共产主义事业，没有为自己谋一点私利。共产主义的信仰他坚守了一生。他曾在日记中多次写道：'大丈夫应只问是非，不问利害。'就是说，要坚持真理，不应计较个人得失。"

合上父亲的日记，向里南陷入长久的思考中：父亲在世时，向里南总是不理解父亲的一些做法："父亲坚持十多年清扫院子的习惯，那时外来人都会把父亲当成了清扫工。因为大院里有清扫工，本来不要他去扫地。而作为他的子女，我们也达到熟视无睹的程度，虽然经常从他身边走过，但几乎没有帮过他。以至于在他去世后，看到我们披戴黑纱，大院的清扫工从眼神里流露出诧异：那个扫地的老头是你的父亲?! 还有，父亲在弥留之际，就多次表示将来丧事从简，按照组织的规定，父亲的骨灰盒可以放在八宝山革命公墓骨灰堂一厅存放，但父亲坚持死后不留骨灰。最后，家人按照他的遗愿把骨灰送回渭南——父亲的故乡，埋在村头的地边，种上松树。"1928 年，王孝慈从渭南的一个小乡村走出，64 年后他又重回这里，成为一把护着青松的泥土，不留骨灰，不立墓碑。向里南的母亲去世后，他们只能从青松下捧起一把土，与母亲的骨灰放在一起合葬。"父亲在世时，一直与他人合住在一套房子

向里南在陕西渭南老家向家村留影，背后的松树下面埋着父亲的骨灰

里，后来，国务院事务管理局分配给他一套位于木樨地 24 号的住宅，几次催促他搬去，他就是不去，说：'有地方住就行了，为什么要搬家？'尽管我们很想搬去，这样能够住得宽敞些，但父亲坚决拒绝，所以他一生没有住房，成了彻底的无产者。"

　　向里南时常翻阅父亲的日记，每一次打开都是向父亲灵魂的一次靠近。无言的父亲走了，在日记中，向里南重新找到父爱，这个爱，不是对个人和家庭的爱，而是对祖国和民族的爱。

　　2005 年，是王孝慈诞辰 100 周年，为表达对父亲的缅怀之情，向里南准备写一本有关父亲的书。但那时向里南还没有退休，工作非常忙碌，每天都要上几台手术，压力很大，她只能在工作之余，挤占休息时间来写作，为追寻父亲走过的足迹，她不断寻访在

向里南为父亲撰写的传记

京城内外，为收集父亲的史料，她整天泡在国家图书馆里，像学生写论文一样，在书籍、报刊间搜索，查阅档案和史料，一旦找到有用的线索，她就到实地进行采访考证，为重现父亲的战斗和工作经历，向里南四处奔波，山西、陕西、甘肃、内蒙古等省区都留下她匆匆来去的身影。她白天采访，夜间写作，经历了无数个舟车劳顿的白昼和孤灯疾书的不眠之夜，她终于完成了父亲的传记，书的名字叫"执着与忠诚"，"他一生只求做一个忠诚的共产主义战士，个人的利益他早就置之度外了。"向里南说。

"勇敢，不怕死"成为我们的座右铭

也是在 2005 年，向里南到陕西渭南老家整理父亲生前资料时，从亲戚手中看到了父亲留下的两封家书，一封家书是抗日战争时，王孝慈写给弟弟的，动员他一起抗日；另外一封是王孝慈的长子向俊安在抗战前线写给家人报平安，并且号召家人在村里组织游击队，联合抗日。

向俊安比向里南大二十多岁，是王孝慈的长子。在向里南印象中，"大哥是温和慈爱的样子，真不像带过兵打过仗的样子。"但事实上，像父亲一样，向俊安也经历过枪林弹雨。"他跟父亲一样，不爱讲自己的事，但有一次我看到他背后吓人的刀疤，他才给我讲了一点儿，那是百团大战黄碾战役中，仗已经打到了拼刺刀的程度，他被一个日本鬼子从背后扎了深深一刀，在野战医院又得了痢疾，拖了很久才好。出院后，他当了侦察员，有一次衣服都被敌人抓住了，他机智脱掉衣服钻进青纱帐里逃脱了。他所在的九团有一千多人，在一次残酷的'扫荡'中只剩下二百多人，他遭遇过敌人包围突袭，和战友跑丢了鞋，一步一个血印地跑了出来……"在采访中，向里南的讲述一直平静而有条理，但在讲到大哥的事情时，语调有了起伏，或许是因为兄妹情深，追忆过往勾起心底的思念。"大哥在延安抗大学习过一段时间，参加过大生产运动，练就了一手织毛线的绝活，他给我织的手套是分五个指头的，比我妈织得都好。"

"大哥给我讲过一件事。1937 年年底，他离开渭

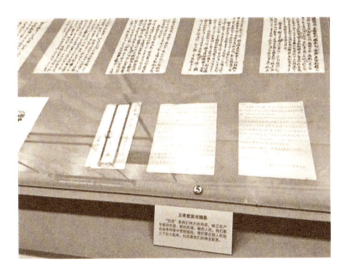

向里南将父亲的书信捐给中国人民抗日战争纪念馆

南老家时，我爷爷把他送了一程又一程，一路上对长孙殷殷嘱咐，可是老人直到去世，都再也没能见到自己的长子和长孙。据老家的人说，去世前几年，老人恍恍惚惚，整天念叨儿孙的名字，思念甚切。可是老人也知道，他送走的儿子孙子都是为了抗日、为了民族的命运，才远赴他乡久滞不归。"

2010 年，向里南把她手里一直保存着的这两封宝贵的家书捐献给中国人民抗日战争纪念馆。如今，这两封家书静躺在展馆的玻璃展柜中，向人们诉说着烽火连天的岁月中一家父子放弃个人安危投身革命的故事。2015 年，在抗日战争胜利 70 周年纪念日当天，向里南和丈夫来到抗战纪念馆，重温父亲和哥哥写下的这两封家书。回到家中，她的思绪久久不能平静。提笔写下一封给大哥的信。

亲爱的大哥：

你好！今年是抗战全面爆发七十八周年，是抗战胜利七十周年，也是你离开我们九周年。在全国人民共同铭记历史，缅怀先辈，开创未来的重要时刻，我们更加想念你。虽然我们是同父异母的兄妹，不是一母所生，但比同母所生的亲兄妹还亲。你把所有的爱都毫无保留地送给了我们。你是天底下最称职的大哥，我们将永远怀念你。

记得小时候，父母工作忙，没时间照看我们，你经常用休假时间带我们出去游玩。那时，我们会没完没了地缠着你给我们讲故事。那本《志愿军一日》都快被翻烂了，因此还在电影《英雄儿女》没有出现时，我们早就知道了"向我开炮！"的志愿军英雄故事。之后，每当一本新的《红旗飘飘》出版后，你就给我们读一本。在你那里我们完成了革命传统教育。后来，无意中发现了你后背狰狞可怕的伤疤，我们才知道那是你跟日本鬼子拼刺刀留下的伤痕。知道你从十六岁起就离开家乡独自走上抗日前线，在血与火的考验中成长为一名富有战斗经验的人民军队指挥员。

新中国成立后在抗美援朝战争期间，你被调往空军司令部，来到长春。从那里，飞出了我们共和国第一批空军飞行员，在朝鲜战场上立下了不朽的战功。我们为有这样一位哥哥而自豪。"勇敢，不怕死"成为我们的座右铭，我们一直向往将来长大了也要当兵，保卫祖国。

1968年，我们去了安徽泾县农村插队。你经常来信，要求我们要努力争取加入中国共产党。后来，我独自留在安徽上学。有一天，传达室的大爷传话说有人找我，到校门口一看，原来是你，哥哥！你穿着一身军装，戴着领章、帽徽，却手上挎着篮子，笑眯眯地望着我，篮子里放的是好吃的食品。顿时一股热流传遍全身，眼泪在眼眶里打转。那年你已经52岁了，是坐了七八个小时的长途汽车专程从杭州来到芜湖看望我。

我还清楚地记得，1970年我去杭州探望你们。闲谈中你说："帝国主义要发动战争，那就快些来吧！"希望趁着你们这些从战争中走来的军人胳膊腿还灵活，可以再上战场。时至今日，和平又延续了45年，虽然我们没有经历过硝烟炮火，但是请你放心，一旦祖国需要，我们，还有全国千千万万的年轻人一定会像当年你们的选择一样，义无反顾挺身而出，为祖国而战。希望这封信能把我们最亲切的问候和绵绵不绝的思念带给远方的你。

◎ 链接：抗战是我们伟大的母亲

——著名抗战将领王孝慈写给弟弟的信

王孝慈，1905 年 6 月生，陕西渭南人，原名向宗仁。1927 年 3 月加入中国共产党，长期从事党的地下工作。曾任延长、宜川特区区委书记、太行和热中地委书记，1945 年当选为中国共产党第七次全国代表大会代表。新中国成立后，历任天津铁路局党委副书记、政治部主任，全国铁路总工会副主席，北京铁道学院（今北京交通大学）院长、党委书记，甘肃省副省长、甘肃省政协副主席和全国政协常委。1992 年 8 月 31 日因病在北京逝世。

抗战爆发后，在王孝慈的影响下，其长子向俊

王孝慈家书

安、五弟向宗圣先后奔赴抗战前线，参加了八路军。这是王孝慈1937年10月在山西和顺县八路军办事处写给他的五弟向宗圣的信，鼓励他加入抗日战争。

吾谦爱弟：

来信收阅，备悉一切。抗战是我们伟大的母亲，她正在产生新的中国，新的民族，新的人民。我们要在战争环境中受到锻炼，我们要在敌人的炮火下壮大起来。抗战是我们的神圣职责。我们的健康、智慧及勇敢要在抗战中诞生，要在争取抗战胜利中发扬光大。我们要为驱逐日敌寇出中国抗战到底，我们要为争取中华民族解放事业奋斗到底。

俊安说："他至死也不愿退过黄河！"这句话令人听了如何兴奋，如何激动！这种意识不仅表现了他是我们的好子弟，并且表现了他是中华民族的好男儿，他是黄帝轩辕氏的好儿女！他不仅是我的儿子，同时他也成了我的战友。因此，我当更对他关切，对他爱护。我托了朋友，抗战的朋友，照顾他的生活了，请你们勿念！

你是一位不满十七岁的青年，正应当在人生的大道上努力前进！你现在度着教书的生活，我认为这是不利于你的前途的。我不愿你把教师的生活继续下去。你应立即奔上抗日的战场，在战斗的环境中，创造你的人生，开辟你的前途！俊安是我的爱子，我赞成他的行动，这绝不是无意味的称赞。你了解吗？也希望你打破庸俗人的见解，勇敢地走上民族解放的战场，与俊安，与阿兄，与全国抗战的朋友们，与全世界拥护正义的人士们，手携手地向光明，向真理的大道前进！

西娃念书是次要的问题，脱离旧乡村的旧家庭，走上新环境，新时代的大道，却是首要的事情。你了解我的意思吗？人是环境的产物。客观的环境是人们真正的学校。铁工厂里出铁匠，蒸馍铺里出蒸馍技师。宋家出吊粉的，冯家出拧绳的。封建的旧家庭产生的是家庭奴隶。大工厂里产生的是赁银奴隶。在阶级斗争的过程中即产生阶级解放的战士。在全民族抗战的战场上，便产生了中华民族解放的英雄。以上的道理，你懂得吗？我希望你们能把西娃送到陕北边区去，或送到我处来，或送到西安的纱厂当女工去，这都是正当的办法。老实说句话，西娃在家中待下去必定要变成家庭奴隶。我记得西娃在小时是那样的活泼。但在去年我见她时，她是那样的不活泼而无生气，真使我伤感。这不是某个人的罪过，这是时代的罪恶，这是环境的束缚的结果。你倘若要在吾家乡待下去，也和西娃一样变成不活泼。所区别者，不过男女性的分别而已。

四月解冰，八月飞霜，这是人们形容辽县气候的话。可是我们住的和顺，现在还是七月，早已下霜了。人们都需要穿棉衣。我们这里到冬天的寒冷就可想而知了。我不久要去河北省，特此告你，来信仍寄旧地。

20. 他不知父亲是"狼牙山五壮士"

——访"狼牙山五壮士"葛振林长子葛长生

父亲从不以英雄自居。我打小就在父亲身边，当年看《狼牙山五壮士》电影时，我都不知道父亲是其中原型。他在家里没有跟我们谈过一次这件事。只是前几年，有人质疑五壮士跳崖的真实性，甚至网上说当时父亲班里有六个人，有一个人叛变当了汉奸。父亲知道这事后，很生气，让我陪着他去衡阳警备区，说要给年轻战士讲点东西。他一讲就讲了一整天，把当时的经过讲了个透彻。

正是"满林霜、俯潇湘"的时节，踏着几分料峭寒意，我来到衡阳，寻访在这里住了近半个世纪的老人。舟车辗转，在湘江畔的一个院子，找到他的住所。来时，恰逢搬家。显眼的是，一捆捆旧得泛黄的图书，从外露的书脊看，大多是马列主义文集和军事书籍；还有一把几近散架的藤椅，磨得黑亮，上面还有破洞。

坐这把藤椅的老人已去世，并有近十个年头。这位老人就是葛振林，"狼牙山五壮士"中的副班长。"副班长葛振林打一枪就大吼一声，好像细小的枪口喷不完他的满腔怒火……五位壮士屹立在狼牙山顶峰，眺望着群众和主力部队远去的方向。他们回头望望还在向上爬的敌人，班长马宝玉激动地说：'同志们，我们的任务完成了！'说罢，他把那支从敌人手里夺来的枪砸碎了，然后走到悬崖边上，像每次发冲锋一样，第一个纵身跳下深谷。战士们也相继从悬崖跳下去……"这段文字出自小学课文《狼牙山五壮士》。狼牙山五壮士家喻户晓，他们投崖前坚毅的目光望向远方，这个形象定格在雕塑上，成为伟大革命史中不可抹掉的一个记忆。但鲜有人知道，副班长葛振林幸存了下来，后来用他自己的话说，"比班长他们多活了60年"。2005年，他在湖南衡阳辞世。

衡阳军分区的干休所大院里的砖瓦房新旧不一，葛家的房子最老，建成于20世纪70年代。干休所要修缮这栋老房子，葛家老大葛长生、老二葛宪松、老四葛拥进都赶过来，把父母的东西收拾妥当。房前有个院落，老人曾在这里种半畦菜、半畦花，养过鸡和鸭。我就在这个院落里采访了葛振林的长子葛长生。

父亲从不以英雄自居

狼牙山在河北易县西南部，是晋察冀边区东大门，因其峰峦状似狼牙而得名。远远望去，群峰突兀连绵、势若刀劈斧凿。

"父亲是河北曲阳人，1937年参加革命，1940年入的党。1941年秋，日寇集中兵力进犯晋察冀根据地。当时，我父亲所在的第七连队奉命在狼牙山打游击战。经过长时间奋战，决定转移，便把掩护群众和连队转移的任务交给了六班。马宝玉是班长，他带领胡德林和胡福才两位小战士；我父亲是副班长，带着宋学义。为了掩护大部队，他们故意走上了一条通往顶峰棋盘陀的绝路，他们边前进边与身后的敌军战斗。敌人一度以为与他们交手作战的就是我军大部队，步步紧逼。经过一天的战斗，父亲他们战斗的弹药早已用光。傍晚，他们到了三面悬崖绝壁的棋盘陀，敌人也追了上来。父亲他们估算着大部队已成功转移，便一起纵身跳了下去。后来，父亲醒过来，发现在半山腰的庙里，身上受了重伤。当地老百姓给用了药，宋学义也活了过来。父亲不记得跳崖后怎么幸存下来的，可能是让山上一层层树给挂住了。他和宋学义在老乡家里休养了几天，便又去找大部队会合了。"

葛长生非常平静地还原了这段著名的革命故事。如果不是我再三逼问，他不情愿提父亲这段革命经历。"太普通、太平常了。我从小跟父亲生活在部队大院，街坊四邻的叔叔伯伯都是战斗英雄，他们好多人走过长征，随时都面临着牺牲。父亲跳崖应该说是自然而然的事，我这些叔叔伯伯面对当时情形也会做出这样的选择。你看，我家隔壁就住着一位真正的'两万五'，他去年刚过

葛振林（右）与宋学义

世。"葛长生随手指着眼前的几栋房子，这一排排普通的砖瓦房里都曾守护着一段峥嵘岁月。

"而且，父亲从不以英雄自居。尽管他的事迹登上了《人民日报》，上了语文课本，还被拍成电影，但他从不主动谈当时跳崖的事情。我打小就在父亲身边，当年看《狼牙山五壮士》电影时，我都不知道父亲是其中原型。他在家里没有跟我们谈过一次这件事。只是前几年，有人质疑五壮士跳崖的真实性，甚至网上说当时父亲班里有六个人，有一个人叛变当了汉奸。父亲知道这事后，很生气，让我陪着他去衡阳警备区，说要给年轻战士讲点东西。他一讲就讲了一整天，把当时的经过讲了个透彻。"葛长生印象很深，"父亲讲到后来有点激动，他说跳崖这件事如果是他一个人的事，无论别人说什么，自己忍一忍也就罢了，但这是集体行动，再不出来澄清，怎么能对得起牺牲的战友?!"这个事后，葛长生逐渐明白，为什么父亲不提跳崖的事情。因为在父亲心里，当时跳崖的壮举不是他一人的行为，而是整个班的，祖国给这个壮举极高的评价和荣誉，应该属于五壮士这个集体。

作为工程兵代表　登上天安门观礼台

狼牙山跳崖之后，葛振林的革命生涯没有结束。抗战结束直至新中国成立初，葛振林历经天津、张家口、太原战役，参加了江西剿匪战，最后一役是抗美援朝。1962 年，葛振林调任衡阳军分区任后勤部副部长。这个革命战士，征战南北，最终在衡阳落下了

1997 年 9 月，葛振林老英雄回"红一团"给"狼牙山五壮士连"官兵讲传统

脚。"万里衡阳雁，寻常到此回。"他像北来的大雁飞到衡阳，便不再南飞去。"是只老雁，飞不动了。二十几岁从悬崖跳下，没死。后来参加的战斗不计其数，都活过来了，父亲的命大。就是身上的伤疤多，头皮有一块是凹进去的，他是特殊材料制成的。"葛长生感慨道。

青年官兵要牢记光荣传统，务志国耻苦练军事本领，为建设强大的国防多作贡献。

赠步兵一六三师全体官兵 葛振林

葛振林写给官兵的寄语

　　1969 年，葛长生 16 岁，他接过父亲的接力棒，应征入伍，成为一名军人。"我所在的这支部队内部序号是基建工程兵建筑 52 师，在京城官厅水库附近。

那时候我们的工作就是打山洞，修国防工事。我们师除了修建营房外，都在山洞里施工。工作很辛苦，而且很危险，身边有好几个战友都牺牲在深山老林里。我那时年纪小，心里郁闷，写信给父亲，希望他能出面给调动工作。但这样的信，父亲是从来不回的。他一生最大的原则就是服从组织安排，不要给组织添麻烦。所以，我年轻的时光就是在山洞度过的，我们像愚公一样不停地挖山。天津的某山，河北的某山，都是我们那代兵挖的。那时，我想换部队倒不是因为辛苦，而是觉得工程兵不像一个真正的兵。后来，我慢慢认识到，基建工程兵对国家、对军队的贡献也是巨大的。国家要保平安，国防最重要，而国防少不了工程建设，我们肩上担子很重。"

对现在的人们来说，基建工程兵是一个久远的陌生的记忆，他们不是拿枪而是拿着各种建设祖国的工具战斗在全国各地，为新中国的建设贡献着自己的青春和力量。

1970 年的国庆节，葛长生作为工程兵代表，登上天安门城楼观礼台，受到了毛主席、周总理等国家领导的接见，这也成为葛长生最大的荣誉，终生难忘。后来，葛长生调到广州军区后勤部，一直工作到退休。

红色基因一脉相承

葛长生是近期才从广州搬回衡阳常住的，除了搬家需要人手，更重要的是回来照看生病的母亲。葛振林的老伴王贵柱已经 84 岁，罹患癌症，从 2015 年 4 月份住进医院，葛家的两位儿媳一直盯在母亲身边。采访当天，我随同葛长生到衡阳 169 医院探望这位英雄的遗孀。

病魔让这位曾经面目如春的老人消瘦苍老很多，但她精神还好，耳聪目明，她一字一句地向我讲了两件事。一是，1986 年，她陪葛振林参加"狼牙山五壮士"纪念塔落成仪式。"老头那年 69 岁，非要爬到山顶看看，但爬到半山腰爬不动了，指着棋盘陀，哭出声来了。"那一行，他们还见了当年救活葛振林的村民余药夫，两人抱在一起久久没分开。二是，1992 年，她陪葛振林去北京聂荣臻家。当时"狼牙山五壮士"这个称号就是时任晋察冀军区司令员聂荣臻签署的。"聂帅那时身体很不好了，有些气喘，他把老葛叫过去说：'老葛，你看现在日子好了吧，咱们当年的苦没有白吃吧。'老葛知道聂帅剩下日子不多了，回来的路上一言没发。"

在医院采访时，医护王贵柱老人的护士长恰好当年也医护过葛振林。她说，葛老十分勤俭，住院期间，天气寒冷，怕他感冒，打开了空调，葛老便关上；趁葛老睡了，便又打开。从此，葛老醒来的第一件事便是伸出颤悠悠的手去试探，看空调有没有热风，如果有热风，他又去关上。葛老总是说，国家虽然富了，但有些地方电还是不够用，要节省用电。

葛长生说，父亲文化水平不高，但喜欢看马列书籍，"他特别痛恨抹黑历史、歪曲历史的行为。忘了过去就没有未来。"

退休后，葛振林也没有闲下来，担任了衡阳市关心下一代工作委员会的副会长。他经常到学校给困难学生送些学习用品，给孩子们讲革命传统，还要给一些青少年写回信，但从没报销过一张邮票。有一次，他看到几家学校上空悬挂的国旗陈旧褪色，便自己掏钱买了几面新国旗送到学校。1988年，国家教委、共青团中央授予他"优秀校外辅导员"荣誉称号。

采访时，一直照顾葛老直至去世的二儿媳在一旁插话说，"他给孩子们上课，经常是拄着拐杖走路去，走路回。别人过意不去要派车来接送，他从不坐，也不收一分钱讲课费，不在外面吃一餐饭。"

葛长生有三个弟弟，三个均在厂里当工人，遵循两位老人的教诲，他们从不向组织提任何要求，本本分分过自己的日子。葛长生的儿子葛蒙也是一名军人，如今在基层连队当政治指导员。他知道爷爷的事迹，但从来不炫耀，只是心中多了一份红色基因，时刻砥砺自己保持好军人本色，奋发图强。

◎ 链接：葛振林小传

1917年，葛振林出生在河北省曲阳县党城乡喜峪村。1937年参加革命，1940年加入中国共产党。1941年9月25日，在河北省易县狼牙山阻击日军的战斗中，葛振林与四位战友宁死不屈，壮烈跳崖。他和宋学义被挂在树上，幸免于难。伤愈后，他先后投入解放战争和抗美援朝战争，屡建战功。朝鲜停战后回国，历任湖南省警卫团后勤处副主任、湖南省公安

大队副大队长、衡阳市衡南县兵役局副局长、衡阳市
人武部副部长、衡阳警备区后勤部副部长。1982 年
离休。离休后，葛振林依旧忙碌，把晚年的大部分精
力用在关心青少年成长上。曾任衡阳市关心下一代工
作委员会副会长，担任衡阳市二十多所中小学校、全
国近二百家中小学的校外辅导员。

　　1941 年 9 月，葛振林被晋察冀军区授予"狼牙
山五壮士"光荣称号和"民族英雄奖章""青年奖章"
各一枚。1955 年被授予少校军衔和中华人民共和国
三级解放勋章。1966 年 8 月离岗休息，1981 年 7 月
按副师级待遇离职休养，1983 年 6 月提为正师级待
遇离休干部。1988 年被授予二级红星功勋荣誉章。
1988 年被国家教委、共青团中央授予"优秀校外辅
导员"称号，1991 年被中国关心下一代工作委员会
评为先进个人。

　　2005 年 3 月 21 日 23 时，葛振林在衡阳病逝，
终年 88 岁。2005 年 3 月 25 日，葛振林的骨灰安葬
在衡阳市烈士陵园。

不忘革命传统　坚定理想信念

　　党的十八大以来，习近平总书记多次强调要从中国革命历史、优良传统和精神中汲取养分。他先后到河北西柏坡、山东临沂、福建古田、陕西延安、贵州遵义、江西井冈山、宁夏西吉等革命老区考察，发表重要讲话。他说："对我们来讲，每到井冈山、延安、西柏坡等革命圣地，都是一种精神上、思想上的洗礼。每来一次，都能受到一次党的性质和宗旨的生动教育，就更加坚定了我们的公仆意识和为民情怀。历史是最好的教科书。对我们共产党人来说，中国革命历史是最好的营养剂。多重温这些伟大历史，心中就会增加很多正能量。"井冈山、延安、西柏坡等之所以被视为圣地，就是因为它们都是共产党的革命之地、战斗之地，也是英雄之地、光荣之地。习近平总书记多次到这些革命老区考察，这不仅传达出对老一辈革命家的深情缅怀，更昭示了接续红色基因的殷切期望。

　　往回看，"行程万里，不忘初心"。中国革命史、党的历史是最好的教科书。近三十年的新民主主义革命，面对强大敌人，历经千难万险，锻造出了一个先进的政党，建立了一个新中国，更培育出了历久弥新的优良革命传统。这种革命传统饱含着深刻的历史哲理和珍贵的精神财富，是开展理想信念教育的经典题材和丰厚营养。这种革命传统是别具魅力的红色基因，也是中国共产党的"传家宝"。这种"传家宝"的内容之一就是坚定的理想信念。可以说，坚定的理想信念是我们党在不同时期能够克服各种困难挑战，凝聚民心群力，找到正确道路，不断取得新胜利的政治优势。

向前走，"浩渺行无极，扬帆但信风"。革命传统既然是我们共产党的基因，那么我们就应该坚决防止"突变"和"变异"，而应该将其融化我们的血液里，渗透到骨髓里，凝聚的灵魂里，使之生成更为强大的党性，忠实地复制我们矢志不渝的理想信念，激励着我们不懈奋斗。习近平总书记一再告诫，理想信念是共产党人精神上的"钙"，没有理想信念，或者理想信念不坚定，精神上就会"缺钙"，就会得"软骨病"。如何才能不"缺钙"不得"软骨病"？那就要接续这种优良革命传统。

一、坚定的理想信念，来自于对马克思主义的信仰，对共产主义的信念

我们说道路决定命运，中国道路不是从天上掉下来的，而是在经历君主立宪制、议会制、总统制的失败尝试后，历史和人民选择了社会主义道路。同样，

"主义"的选择也不是天上掉下来了，而是历史与国情的选择。近代以来，尤其是鸦片战争以来，中华民族面临着亡国亡种的危机，有识之士想尽千方百计来摆脱被动挨打的局面。在中华民族面临着亡国亡种之时，许多有识之士都怀挽狂澜于既倒之理想，抱扶大厦之将倾之信念，千方百计实现国富民强之梦想，如"开眼看世界"的林则徐，戊戌变法的康有为，辛亥革命的孙中山等，他们从思想开化、到学习"器物"，再到变革政治制度，可谓是呕心沥血、鞠躬尽瘁，但以失败告终。为什么他们有为之努力奋斗的理想信念，可依然没有带领中国摆脱困境走上现代化呢？而为什么中国共产党诞生以后，依然怀有带领中国走向国富民强的理想信念，就逐渐走向胜利呢？因为理想信念背后的马克思主义信仰。

在中国陷入前所未有的迷茫的时候，"十月革命一声炮响为我们送来了马克思主义"。正在西方国家陷入战争泥沼的时候，苏联却轰轰烈烈进行着大革命、大生产和大建设，人民生活提高很快。于是，中国选择了马克思主义，选择了共产党。所以，从这个历史过程中，我们看到了马克思主义进入中国是历史选择。马克思主义是科学学说，它是以事实为依据，以规律为对象，以实践为检验标准的学说。马克思主义坚持历史唯物主义和辩证唯物主义立场，客观分析了资本主义社会基本矛盾，揭示了资本主义必然消亡、社会主义必然胜利、共产主义必然实现的人类社会发展规律。因为我们的马克思主义信仰是科学的，所以我们能够坚守信仰。因为理想信念来自我们坚守的科学的马克思主义信仰，所以我们就更加能够为这个理想信念而无怨无悔地为之奋斗。

中国共产党选择了马克思主义，就是坚守和追随了马克思主义信仰，就是坚持了党的最高理想和最终目标是实现共产主义。马克思说："科学绝不是一种自私自利的享乐，有幸能够致力于科学研究的人，首先应该拿自己的学识为人类服务。"我们在革命实践中的持续努力，就是朝着为了民族解放、为了国家富强、为了人民幸福，最终实现共产主义这个大目标前进的。新民主主义革命以来，中国共产党之所以能够不畏艰险，之所以能够带领中国人民经历土地革命、抗日战争、解放战争，历尽千难万险；之所以能够从1921年到1949年短短30年的时间就推翻"三座大山"建立新中国，之所以能够从中共一大时的几十名党员发展到现在的8800多万党员的大党，靠的是什么？靠的就是理想信念！不是某个党员的理想信念，而是共同共建共享的理想信念！不是随意攫取的理想信念，而是来自马克思主义信仰、已经被革命实践所证明的科学信仰！

对坚定的马克思主义者来说，理想信念和信仰是统一的。马克思在《社会主义从空想到科学的发展》中指出："真正的真理和正义至今还没有统治世界，这只是因为它们没有被人们正确地认识，所缺少的只是个别的天才人物，现在这种天才人物已经出现而且已经认识了真理。这种天才人物在500年前也同样可能诞生，这样他就能使人类免去500年的迷误、斗争和痛苦。"每个时代，不乏这样的天才，正是这种天才成就了时代的传奇，完成了时代赋予他们的伟业。而天才不是从降生就注定其天才的身份，他们与常人共享一样的身体结构，但不同的是他们的思想，这种思想的本质就是理想信念。一个马克思主义者的信仰越坚定，就越能坚守自己的理想信念，就越能化为内心的坚定的信念和情感："砍头不要紧，只要主义真。杀了夏明翰，还有后来人。"马克思主义信仰动摇，理想信念就会随之倒塌。这就是习近平总书记特别强调马克思主义信仰的原因。习近平总书记指出："坚定理想信念，坚守共产党人精神追求，始终是共产党人安身立命的根本。对马克思主义的信仰，对社会主义和共产主义的信念，是共产党人的政治灵魂，是共产党人经受住任何考验的精神支柱。"中国共产党靠马克思主义立党兴国，用社会主义、共产主义汇聚民心，信仰高于天，理想大于天。习近平总书记还指出，"我们党在中国这样一个有着 13 亿人口的大国执政，面对着十分复杂的国内外环境，肩负着繁重的执政使命，如果缺乏理论思维的有力支撑，是难以战胜各种风险和困难的，也是难以不断前进的。党的各级领导干部特别是高级干部，要原原本本学习和研读经典著作，努力把马克思主义哲学作为自己的看家本领，坚定理想信念"。越是形势复杂的时期，越不能忽视马克思主义信仰和理想信念。别有用心者搞虚无主义，还有部分党员把共产党人的身份当作镀金当作筹码，却忘记了捍卫党的信仰。一个不为马克思主义理想而奋斗，不为社会主义和共产主义理想而奋斗的共产党员，只是徒有其名的"共产党员"。作为共产党人，要牢记姓党，始终忠于党、忠于社会主义、忠于人民，要爱党、护党、为党。

二、坚定的理想信念来自于
对共产党的追随

"我们共产党人是具有特种性格的人，我们是由特殊材料制成的。"这是斯大林《悼列宁》中的一段话。寥寥数语，但十分形象地刻画出共产党人与生俱来的与众不同。不可否认，共产党人作为社会人群中的一部分，有着与常人一样的音容笑貌和喜怒哀乐，但共产党人又不是普通的人，而是"用特殊材料制成的"一个特殊群体。这种材料不是特殊钢，不是足赤金，而是比钢更坚韧、比金更闪光的东西——共产主义的崇高理想和坚定信念。

坚定的共产主义理想信念是共产党的本质。这种本质激励共产党有着更高的境界、觉悟和担当，能承受和乐于承受一般群众所不愿也不能承受的艰苦的工作、艰苦的环境。毛泽东曾指出："每个共产党员入党的时候，心目中就悬着为现在的新民主主义革命而奋斗和为将来的社会主义和共产主义而奋斗这样两个明确的目标。"邓小平也指出："我们过去几十年艰苦奋斗，就是靠用坚定的信念把人民团结起来，为人民自己的利益而奋斗。没有这样的信念，就没有凝聚力。没有这样的信念，就没有一切。"正是因为有了对共产主义的坚定信念和为人民利益而奋斗的崇高理想，党才能在各种艰苦环境下战胜困难，不断取得胜利。回顾在艰苦卓绝的长征路上，红军讲得最多的一句话是："只要跟党走，一定能胜利。"抗战时期延安的生活条件异常艰苦，但大批仁人志士、无数热血青年踊跃奔赴延安，使延安成为了领导全国解放的一方热土、中国革命的摇篮。这是为什么？当年爱国华侨陈嘉庚先生在延安说："中国的希望在延安，中国的希望在共产党"。这就是铿锵有力的答案。说明党的吸引力是无比巨大的！共产党坚定理想信念的吸引力是无比巨大的！共产党人身上"看不见、摸不着"但又实实在在的理想信念，感染和传递了一批又一批、一代又一代的人民群众，激励着人民自觉主动地追随共产党，因为他们心怀"只有中国共产党才能救中国"的坚定信念。

只有追随共产党，才能更加坚定"只有共产党才能领导发展中国"的理想信念。从革命战争到夺取全国革命的胜利，中华人民共和国成立六十多年来发生的深刻变化，这些事实充分证明了共产党人不仅能砸碎一个旧世界，而且能建立一个新世界；不仅能打江山，而且能守江山，能建设好江山社稷。当下，社会上一些人不理解共产党的坚定理想信念，更不用谈信仰马克思的政治信仰，甚至还是有一部分人妄议党妄议国家的发展进步，总是从另外一个角度阐发一些事情，去消解事物的正面意义。比如，中央搞反腐倡廉，有人就会说，官员都腐败，腐败不腐败只不过是查与不查的问题，还有人说，全面从严治党，是选择性反腐，是路线问题。我们的党，真的是这样吗？我们还应不应该去信任党去追随党？答案当然是肯定的。我们毫不隐晦地承认确实存在经不起考验的"老虎和苍蝇"，但这并不能否认共产主义是共产党人矢志不渝的奋斗目标。不以共产主义为最高目标，中国共产党何必称为共产党？如果中国共产党不是朝共产主义前进，那我们是朝什么目标前进呢？做一个马克思主义者很难，做一个坚定的马克思主义者更难。对共产党人来说，革命有革命时的生与死的考验，和平建设时期有顺境与逆境的考验，改革有改革时利益关系调整中的金钱考验。从某种意义上说，改革时期的考验更大，因为它是原有的社会关系和利益关系的一次大的调整。越是在世情、国情、党情都发生重大变化的新形势下，我们更要坚定理想信念不动摇，成为共产主义远大理想和中国特色社会主义共同理想的坚定信仰者，更要增强对中国共产党的政治认同、理论认同、感情认同，在大是大非面前保持清醒头脑，始终与党的保持一致。

党的十八大报告指出，对马克思主义的信仰，对社会主义和共产主义的信念，是共产党人的政治灵魂，是共产党人经受住各种考验的精神支柱。中国共产党靠马克思主义立党兴国，用共产主义信念汇聚民心。信仰高于天，理想大于天。别有用心者宣扬："马克思主义怎么可能成为信仰，怎么可能与基督教、佛教、伊斯兰教这些宗教并列成为老百姓信服的一种信仰？"还有部分党员把共产党员的身份当作筹码，却忘记了捍卫党的信仰，捍卫党的宗旨。然而，请不要忘记共产党员的身份与对马克思主义的信仰是分不开的，选择了做一名共产党员，就要有对马克思主义的信仰。共产党人与其他党人的本质区别就在于信仰之不同。习近平总书记强调指出，对党绝对忠诚要害在"绝对"两个字，就是唯一的、彻底的、无条件的、不掺任何杂质的、没有任何水分的忠诚。信仰坚定、政治可靠是对党绝对忠诚的保证。

三、理想信念来自对美好生活的向往，
有梦想就有明天

中国共产党是在中华民族灾难最深重的历史时刻诞生的，是为了拯救国家危难民族苦难而建立的。我们的党之所以能够在困难中挺起脊梁，就在于党胸怀人民，胸怀着带领人民创造美好未来的憧憬。早在1922年中共二大上，党就向全国人民承诺了一个美好明天，也就是制定了党的最高纲领和最低纲领。最低纲领是打倒军阀，推翻国际帝国主义压迫，统一中国为真正的民主共和国；最高纲领是铲除私有财产制度，渐次达到一个共产主义的社会。这个理想信念就写在共产党的旗帜上，成为共产党人的命脉和灵魂，激励着共产党人为这个美好梦想而不懈奋斗。正因为对美好生活的向往，所以共产党人在生与死的考验面前有着不畏牺牲的坚定信念。

长征是艰苦的，但对艰苦的感受，各人不尽相同。李富春在文章中曾这样描写过长征的行军生活："当着无敌情顾虑，月朗风清之夜，我们有时可以并肩而行，大扯乱谈，有时整连整队半夜高歌，声彻云霄。这种夜行的行军乐，可以不知东方之既白！这种行军乐趣中，在总政治部的行列中，以至组成了潘汉年、邓小平、陆定一、李一氓诸同志再加上我的合股'牛皮公司'。"李富春在文章中写出了一群职业革命者的革命乐观主义精神。这种乐观主义精神来源于对美好未来的向往，来源于对正义事业的信念。

毛泽东说："光有饭吃还不够，将来生产要用机

器，生活上要住楼房，晚上有电灯，出门坐车呢！"
在艰苦的革命年代，毛泽东就勾画了美好图景，正是
这种美好图景激发了人们内心的力量，产生出澎湃的
革命激情。"红军不怕远征难，万水千山只等闲。"长
征时毛泽东气势磅礴、震古烁今的诗句，就是中国共
产党人革命英雄主义和革命乐观主义精神的生动写
照。长征，就是一部充满着英雄主义和乐观精神的史
诗，如果把镜头拉近到长征中的每个战士，就会发现
成就这部史诗的，是人们对美好未来的憧憬和期盼。
红军四渡赤水时，在北上长江过程中，国家政治保卫
局局长邓发的妻子陈慧清临产。那时，中央纵队正以
急行军的速度通过贵州境内一个山口。她被抬到路边
一个草棚，董必武和休养连连长侯正焦急地守候在一
边，陈慧清因为难产在地上疼得打滚。枪声越来越
近，董必武对警卫员说："告诉董振堂，这里生孩子，
让他把敌人顶住！"董振堂把 39 团团长吴克华叫来，
"生孩子需要多长时间，就给我顶多长时间"。39 军
的红军官兵在距离陈慧清不到一公里的地方与敌人进
行殊死搏斗，整整两个小时，孩子出生了。董必武让
人把昏迷中的陈慧清抬走，在孩子的襁褓中写下恳切
的一句话——"收留这个孩子的人是世界上最善良的
人。"在部队，当听到有人抱怨说为了一个孩子让一
个团打阻击不值得时，董振堂说："我们今天革命打
仗，不就是为了他们的明天吗！"中华民族是一个注
重家庭的民族，"仁者，人也，亲亲为大。""老吾老，
以及人之老；幼吾幼，以及人之幼。天下可运于掌。"
把有生之年看不到的幸福留给后人，这种对后人的承
诺，成就了一个把一腔丹心碧血留给祖国、留给人民

的民族。

中国共产党是一个富有革命英雄主义精神和革命乐观主义精神的党。这种革命的乐观主义，来自于对美好未来的期盼，以及对美好未来一定能实现的信心。这种无畏的英雄主义，来自于为美好未来舍弃小我的担当和奉献，"万家团圆是我的心愿也是你的心愿"。把生的希望留给别人，把死的危险留给自己；把美好明天留给后人，把苦难的今天留给自己。这恰如邓小平所说："我们多年奋斗就是为了共产主义，我们的信念理想就是要搞共产主义。在我们最困难的时期，共产主义的理想是我们的精神支柱，多少人的牺牲就是为了这个理想。"

中国共产党重要创始人李大钊面对绞刑架，发出了"不能因为你们绞死了我，就绞死了共产主义，我们宣传马克思主义已经培养了许多革命同志，如同红花种子撒遍全国各地。我深信：共产主义必将得到光荣胜利，将来的环球，必定是赤旗的世界！"的豪迈誓言。方志敏烈士在英勇就义前，慷慨陈词："敌人只能砍下我们的头颅，决不能动摇我们的信仰！"也正是因为源于对美好生活的向往，所以我们党总是能够实事求是，打破了党内外、国内外的各种干扰，以高度自主自觉的精神，纠正了"左"或右的错误思想。邓小平曾指出："为什么我们过去能在非常困难的情况下奋斗出来，战胜千难万险使革命胜利呢？就是因为我们有理想，有马克思主义信念，有共产主义信念。"我们党和全国人民紧紧依靠着对幸福生活的渴望，不断在思想上、政治上走向完全独立和成熟，实现了理论上、政策上和实践上的重大创新，制定了正确的政治路线、思想路线和组织路线，带领中国人民取得了伟大的成就。

现阶段，部分党员干部理想信念淡薄，就是源于对共产主义美好生活理想的动摇。有人认为，现在我们连社会主义初级阶段都没有跨越，再谈为共产主义理想奋斗是"扯远了"；有人在谈到要为共产主义崇高理想而奋斗时，往往会有一些"微词"，变成功利主义者、实用主义者；还有人把为共产主义理想奋斗、信仰马克思主义、坚定中国特色社会主义信念等，当作光说不练的"场面话"等。更有甚者，把共产主义视为虚无缥缈的"乌托邦"。遥想当年，为什么在革命岁月里，条件是那么艰苦，物质装备是那么匮乏，我们依然能够相信共产主义的美好生活必然能够实现？为什么在遭受帝国主义、封建主义、官僚资本主义"三座大山"压迫下，我们依然能够相信共产主义的美好生活必然能够实现？为什么现阶段我们物质与精神生活发生翻天覆地的变化后却动摇了共产主义理想？却放松了不懈追求的理想信念？岂不怪哉！

要坚守为美好明天奋斗的理想信念。习近平总书记多次指出："实现中华民族伟大复兴的中国梦，就是要实现国家富强、民族振兴、人民幸福。""中国梦是民族的梦，也是每个中国人的梦。"中华民族伟大复兴的中国梦，是一个理想，更是一面理想信念的旗帜。当前改革进入深水区，正是考验党员干部理想信念牢不牢的关键期，遇到困难是倒下，还是拿出冒的勇气、闯的劲头，靠的是理想信念的支撑；遇到诱惑是迷失，还是抵制，靠的也是理想信念的支撑；遇到干扰是退缩，还是勇往直前，靠的还是理想信念的支撑。习近平总书记要求"把理想信念时时处处体现为行动的力量，树立起让人看得见、感受得到的理想信念标杆"，"脚踏实地为实现党在现阶段的基本纲领而不懈努力，扎扎实实做好每一项工作，取得'接力赛'中我们这一棒的优异成绩。"这就更加要求我们每个党员干部始终握好理想信念的"接力棒"，把坚定理想信念同美好生活的追求紧密联系起来，把行动落实在实现"两个一百年"奋斗目标和中华民族伟大复兴的中国梦上。

责任编辑：刘　伟

责任校对：吕　飞

图书在版编目（CIP）数据

英烈门风／吕其庆 编著．—北京：人民出版社，
　2017.5（2017.7 重印）
ISBN 978 – 7 – 01 – 017303 – 0

I. ①英… 　II. ①吕… 　III. ①家庭道德 – 中国 – 现代 –
　通俗读物　 IV. ① B823.1–49

中国版本图书馆 CIP 数据核字（2017）第 019887 号

英烈门风

YINGLIE MENFENG

吕其庆　编著

人民出版社 出版发行

（100706　北京市东城区隆福寺街 99 号）

北京汇林印务有限公司印刷　新华书店经销

2017 年 5 月第 1 版　2017 年 7 月北京第 2 次印刷
开本：880 毫米 × 1230 毫米 1/32　印张：8
字数：165 千字

ISBN 978 – 7 – 01 – 017303 – 0　定价：39.00 元

邮购地址 100706　北京市东城区隆福寺街 99 号
人民东方图书销售中心　电话：（010）65250042　65289539